数学圈丛书
MATHEMATIC CIRCLES

湖南科学技术出版社

欧几里得之窗

EUCLID'S WINDOW

【美】列纳德·蒙洛迪诺 Leonard Mlodinow——著

郑婧澜——译

总　序

欢迎你来数学圈

　　欢迎你来数学圈，一块我们熟悉也陌生的园地。

　　我们熟悉它，因为几乎每个人都走过多年的数学路，从1、2、3走到6月6（或7月7），从课堂走进考场，把它留给最后一张考卷。然后，我们解放了头脑，不再为它留一点儿空间，于是它越来越陌生，我们模糊的记忆里，只有残缺的公式和零乱的图形。去吧，那课堂的催眠曲，考场的蒙汗药；去吧，那被课本和考卷异化和扭曲的数学……忘记那一朵朵恶之花，我们会迎来新的百花园。

　　"数学圈丛书"请大家走进数学圈，也走近数学圈里的人。这是一套新视角下的数学读物，它不为专门传达具体的数学知识和解题技巧，而以非数学的形式来普及数学，着重宣扬数学和数学人的思想和精神。它的目的不是教人学数学，而是改变人们对数学的看法，让数学融入大众文化，回归日常生活。读这些书不需要智力竞赛的紧张，却

要一点儿文艺的活泼。你可以怀着360样心情来享受数学，感悟公式符号背后的理趣和生气。

没有人怀疑数学是文化的一部分，但偌大的"文化"，却往往将数学排除在外。当然，数学人在文化人中只占一个测度为零的空间。但是，数学的每一点进步都影响着整个文明的根基。借一个历史学家的话说，"有谁知道，在微积分和路易十四时期的政治的朝代原则之间，在古典的城邦和欧几里得几何之间，在西方油画的空间透视和以铁路、电话、远距离武器制胜空间之间，在对位音乐和信用经济之间，原有深刻的一致关系呢？"（斯宾格勒《西方的没落·导言》）所以，数学从来不在象牙塔，而就在我们的身边。上帝用混乱的语言摧毁了石头的巴比塔，而人类用同一种语言建造了精神的巴比塔，那就是数学。它是艺术，也是生活；是态度，也是信仰；它呈现多样的面目，却有着单纯的完美。

数学是生活。不单是生活离不开算术，技术离不开微积分，更因为数学本身就能成为大众的生活态度和生活方式。大家都向往"诗意的栖居"，也不妨想象"数学的生活"，因为数学最亲的伙伴就是诗歌和音乐。我们可以试着从一个小公式去发现它如小诗般的多情，慢慢找回诗意的数学。

数学的生活很简单。如今流行深藏"大道理"的小故事，却多半取决于讲道理的人，它们是多变的，因多变而被随意扭曲，因扭曲而成为多样选择的理由。在所谓"后现代"的今天，似乎一切东西都成为多样的，人们像浮萍一样漂荡在多样选择的迷雾里，起码的追求也失落在"和谐"的"中庸"里。但数学能告诉我们，多样的背后存在统一，极致才是和谐的源泉和基础。从某种意义说，数学的精神就是追求极致，它永远选择最简的、最美的，当然也是最好的。数学不讲圆滑的道理，也绝不为模糊的借口留一点空间。

数学是明澈的思维。在数学里没有偶然和巧合，生活里的许多巧合 —— 那些常被有心或无心地异化为玄妙或骗术法宝的巧合，可能只是数学的自然而简单的结果。以数学的眼光来看生活，不会有那么多的模糊。有数学精神的人多了，骗子（特别是那些套着科学外衣的骗子）的空间就小了。无限的虚幻能在数学中找到最踏实的归宿，它们"如龙涎香和麝香，如安息香和乳香，对精神和感观的激动都一一颂扬"（波德莱尔《恶之花·感应》）。

数学是浪漫的生活。很多人怕数学抽象，却喜欢抽象的绘画和怪诞的文学，可见抽象不是数学的罪过。艺术家的想象力令人羡慕，而数学家的想象力更多更强。希尔伯特说过，如果哪个数学家改行做了小说家（真的有），我们不要惊奇 —— 因为那人缺乏足够的想象力做数学家，却足够做一个小说家。略懂数学的伏尔泰也感觉，阿基米德头脑的想象力比荷马的多。认为艺术家最有想象力的，是因为自己太缺乏想象力。

数学是纯美的艺术。数学家像艺术家一样创造"模式"，不过是用符号来创造，数学公式就是符号生成的图画和雕像。在数学的比那石头还坚硬的逻辑里，藏着数学人的美的追求。

数学是自由的化身。唯独在数学中，人们可以通过完全自由的思想达到自我的满足。不论是王摩诘的"雪中芭蕉"还是皮格马利翁的加拉提亚，都能在数学中找到精神和生命。数学没有任何外在的约束，约束数学的还是数学。

数学是奇异的旅行。数学的理想总在某个永恒而朦胧的地方，在那片朦胧的视界，我们已经看到了三角形的内角和等于180度，三条中线总是交于一点且三分每一条中线；但在更远的地方，还有更令人惊奇的图景和数字的奇妙，等着我们去相遇。

数学是永不停歇的人生。学数学的感觉就像在爬山，为了寻找新的山峰不停地去攀爬。当我们对寻找新的山峰不再感兴趣时，生命也就结束了。

不论你知道多少数学，都可以进数学圈来看看。孔夫子说了，"知之者不如好之者，好之者不如乐之者。"只要"君子乐之"，就走进了一种高远的境界。王国维先生讲人生境界，是从"望极天涯"到"蓦然回首"，换一种眼光看，就是从无穷回到眼前，从无限回归有限。而真正圆满了这个过程的，就是数学。来数学圈走走，我们也许能唤回正在失去的灵魂，找回一个圆满的人生。

1939年12月，怀特海在哈佛大学演讲《数学与善》中说，"因为有无限的主题和内容，数学甚至现代数学，也还是处在婴儿时期的学问。如果文明继续发展，那么在今后两千年，人类思想的新特点就是数学理解占统治地位。"这个想法也许浪漫，但他期许的年代似乎太过久远 —— 他自己曾估计，一个新的思想模式渗透进一个文化的核心，需要1000年 —— 我们希望这个过程能更快一些。

最后，我们借从数学家成为最有想象力的作家卡洛尔笔下的爱丽思和那只著名的"柴郡猫"的一段充满数学趣味的对话，来总结我们的数学圈旅行：

> "你能告诉我，我从这儿该走哪条路吗？"
> "那多半儿要看你想去哪儿。"猫说。
> "我不在乎去哪儿 ——"爱丽思说。
> "那么你走哪条路都没关系，"猫说。
> "—— 只要能到个地方就行。"爱丽思解释。
> "噢，当然，你总能到个地方的，"猫说，"只要你走得够远。"

我们的数学圈没有起点，也没有终点，不论怎么走，只要走得够远，你总能到某个地方的。

李　泳
2006年8月草稿
2019年1月修改

　　2400年前，有一位希腊人站在海边，望着船只消失在远方。他站了很长一段时间，静静观望着船只，突然陷入奇思。船只似乎皆是船体先消失，接着是桅杆和船帆。他禁不住想，怎么会是这样？如果地球是四处平坦的，船只应该均匀缩小成一个模糊的点，直至消失不见。船体比桅杆和船帆先消失，使得亚里士多德灵光一现，发现地球是曲面的。亚里士多德在观察地球的大尺度结构之时跳进了几何学的窗口。

　　现今我们探索太空，就和千年以前我们对地球进行探索一样。有些人抵达了月球，而无人驾驶飞船已经飞出了太阳系边缘。可以预测，在千年之内我们将以十分之一光速旅行50年，最终抵达离地球最近的恒星。但即便以地球到半人马座阿尔法星距离的若干倍作为基准，宇宙的外边缘也在该基准的数十亿倍之外。我们不大可能像亚里士多德观察地球一样看着飞船飞至太空的"地平线"，但我们可以像他一样观察、推理，或者长时间茫然地凝视太空，想清楚宇宙的性质和结构。许多个世纪以来，在天才人物

和几何学的帮助下，我们得以看见超出视界的景象。空间的何种性质是可以被证明的？如何知道我们身处何方？空间是弯曲的吗？它有多少个维度？几何学如何解释宇宙中的自然规律及其统一性？这是世界历史上5次几何学革命背后的问题。

一切是从毕达哥拉斯的设想开始的：把数学当成抽象规则的系统来给物理世界建模。接着，从我们行走着的地面或游泳的水中抽象出空间的概念。由此，抽象和证明便产生了。不久，希腊人似乎可以找到所有科学问题的几何学解答，从杠杆原理到天体运行的轨道。但希腊文明随后衰退，罗马人占领了西方世界。公元415年复活节前，一位女士被暴徒从战车上拖下后杀害。她是一名学者，致力于几何学和毕达哥拉斯学派，坚持理性思考。她是在黑暗时期之前最后一位在亚历山大图书馆工作的著名学者，此后文明衰落了近千年。

在文明重现后不久，几何学也随之出现，但演变成了一种新的几何学。这种几何学产生于一名思想颇为先进的男人——他喜欢赌博，每天睡到下午。他批评希腊人，是因为他认为他们的几何证明方法太费力。为了节省脑力劳动，勒奈·笛卡儿把几何和数字结合起来。有了他的关于坐标的概念，人们可以前所未有地描述位置和形状，而数字也可以通过几何学来可视化。这让微积分和现代技术的发展成为可能。多亏了笛卡儿，诸如坐标和图形，正弦和余弦，矢量和张量，角度和曲率这些几何概念，在物理学的各个分支中得以展现，从固态电子学到时空的大尺度结构，从晶体管和计算机技术到激光和太空旅行。但笛卡儿的研究也引出了一个更抽象而革命性的概念——空间弯曲。所有三角形的内角和都是180度吗，还是只对平面上的三角形才成立？这不仅仅是关于折纸的问题。弯曲空间的数学概念不仅在几何学上，而且在整个数学大厦的逻辑基础上都引发了一场革命，这使得爱因斯坦发现相对论成为可能。爱因斯坦关于空间的额外维度——时间，以及时空与物质和能量之间的关系的几何学理论，使牛顿物理学框架产生从未有过的巨大变化。它看起来肯定是激进的。但与下面最新的革命相比并不算什么。

1984年6月的一天，一位科学家宣布，他在理论中取得了突破，解释了为什么亚原子粒子存在，它们是如何相互作用的，并推广至时空的大尺度结构以及黑洞的本质。他相信，理解宇宙的统一和秩序的关键在于几何学，它拥有全新而奇特的性质。然而他被一群穿着白大褂的人赶了下去。

后来这一突破还是被推上了历史舞台，但人们与天才想法对抗的情绪是真实存在的。约翰·施瓦兹（John Schwarz）曾花15年的时间致力于研究一种理论，叫做弦论，当时大多数物理学家的反应就和对待一个上街乞讨的陌生人一样。如今，大多数物理学家都认为弦论是正确的：空间的几何结构影响了其内部的物理定律。

一名叫欧几里得的神秘人物记录下了几何学的重大革命。如果你记不太清有门让人头疼的学科叫欧几里得几何学，那可能是因为你上课时一直在睡觉。通常几何学呈现出的方式确实让年轻人心灰意冷。但实际上，欧几里得几何学是一门令人激动的学科，欧几里得的作品美妙程度堪比《圣经》，而其观点激进如马克思和恩格斯的作品。通过《几何原本》，欧几里得为人们描述宇宙本质打开了一扇窗。随后他的几何学经历了4次革命洗礼，由此科学家和数学家们粉碎了神学家的信仰，摧毁了哲学家们珍视的世界观，迫使我们重新审视和思考我们在宇宙中的地位。本书的主题就是关于这些革命，以及革命背后先知者们的故事。

目　录

第一章

欧几里得的故事

关于空间，你能说些什么呢？几何学是如何开始描述宇宙并引领现代文明的？

1.第一次革命

欧几里得可能并不是那个发现重要的几何学定律的人，但我们有充分的理由称他为历史上最著名的几何学家：几千年来，是他给最初窥见几何学奥秘的人们打开了一扇窗。现在，他是一名伟大的"海报男孩"，传播了人们在空间概念上的第一次伟大革命 —— 比如抽象以及证明思想的诞生。

空间的概念很自然地产生于我们在地球上关于位置的概念。它从埃及和巴比伦人称之为"地球测量"的行为中开始发展。希腊语中称它为geometry（几何学），但主体根本不一样。希腊人最早认识到自然可以使用数学来理解 —— 几何学不仅可以描述，还可以应用于揭示本质。古希腊人从石头和沙子的简单描述中提炼出了点、线和面的理想状态，使几何学得以进化。剥去物质的表面粉饰，他们发现了一个从未见过的拥有美丽文明的结构。在这场斗争的高潮中，欧几里得创造了数学。他的故事是一场关于革命的故事，关于公理、定理、证明和推论的起源。

2. 征税的几何学

希腊的成就发源于巴比伦和埃及的古代文明。叶芝写道,[1]巴比伦式的冷漠性格,抑制了他们取得重大成就。希腊前的人类注意到许多聪明的公式、计算和工程学的技巧,他们有时会完成惊人的壮举,但对他们所做的事情却几乎无法理解。他们也不关心这些。他们是建造者,在黑暗中工作,摸索,以他们的方式感受,在这里建立结构,在那里铺上垫脚石,实现他们的目标,而不去理解事物。

他们并不是第一个。在有史料记载之前,人类就已经在计数和计算,并应用于征税和欺骗对方。有些所谓的计算工具可以追溯到公元前3万年前,可能是艺术家们用朴素的数学直觉来装饰的树枝。但另一些则是不同的。在刚果民主共和国的爱德华湖畔,考古学家发掘出一根有8000年历史的小骨[2],用一小片石英卡在凹槽的一端。它的创造者,我们不能确定是一个艺术家还是数学家,在骨头的一侧刻了三个槽口。科学家认为这个骨头 —— 称为伊尚戈(Ishango)骨[2] —— 可能是迄今为止发现的最早的数字记录设备。

对数据执行操作的想法出现得很慢,[3]因为计算需要一定程度的抽象化。人类学家告诉我们,许多部落,如果两个猎人射出两支箭打死两只小羚羊,然后取下两根羊肠拖着它们回到营地,"2"这个词,在每种情况下,其使用可能会有所不同。在这些文明中,你真的不能再加苹果和橘子了。人类似乎花了几千年才发现,这些都是同一个概念的实例:抽象的数,2。[4]

朝抽象化方向发展的第一个主要步骤发生在公元前6世纪。当时尼罗河流域的人们开始结束游牧生活,专注于在山谷耕种。非洲北部的沙漠是世界上最干旱和最贫瘠的地区之一,只有尼罗河,[5]因赤道地区的雨水和阿比西尼亚高地的融雪而泛滥,仿佛上帝,把生命和食物带给沙漠。在古代,每年6月中旬,原本干燥、荒凉、尘土飞扬的尼罗河流域,迎来了洪水的冲击。河面上升,河水泛滥,河水夹带着肥沃泥土在乡村四处蔓延。

早在古希腊作家希罗多德（Herodotus）描述埃及为"尼罗河的礼物"之前，古埃及法老拉美西斯（Ramses）三世曾描述埃及人如何崇拜上帝——尼罗河。埃及人叫它哈皮神（Hapi），它为他们提供蜂蜜、葡萄酒、黄金、绿松石等所有埃及人视如珍宝的东西。甚至"埃及"（Egypt）这个名字在科普特语中是"黑色土壤"的意思。[6]

每年，山谷的洪水泛滥会持续4个月。到了10月，这条河开始干涸，并逐渐缩小，直到次年夏天前地面再一次干旱后重新泛滥。8个干燥的月份被分成两个季节，"perit"季用来耕种，"shemu"季用来收割。埃及人开始在土堆上建立固定社区，在洪水来临时，这些土堆变成由堤坝连接的小岛。他们建立了灌溉系统和谷物储存系统。

农耕生活成为埃及历法和埃及生活的基础。面包和啤酒成了他们的主食。在公元前3500年，埃及人形成了一些较小的产业，如手工业和金属制造业。大约在那个时期，他们还发展了写作。[7]

人总会死亡，但随着财产的交割，税收也产生了。税收或许是几何学发展中的第一个需要。[8]尽管在理论上，法老拥有所有的土地和财产，事实上，在一些神殿，甚至个人都拥有房地产。政府根据每年洪水的高度和所持土地的面积来评估土地税。那些拒绝付款的人可能会被警察当场殴打。借款可以，但利率是以"保持简单"的哲学为基础的：每年百分之百的利率。[9]因为这关乎很多人的利益，埃及人根据不规则的土地形状开发出了相当可靠的计算正方形、矩形和梯形区域的方法。为了估计一个圆的面积，他们将它近似于一个边长是直径的8/9的正方形。这等价于把π估计为256/81或3.16，这是一个过高估计，但误差仅为0.6个百分点。所以没有纳税人抱怨这个面积误差的历史记录。

古埃及人将他们的数学知识运用到令人印象深刻的目的上。想象

在公元前2580年，在狂风凛冽的荒凉的沙漠上，建筑师在一张莎草纸上画出要盖的建筑的结构。他的工作很简单，设计正方形的地基，三角形的面，哦，对了，它还必须是480英尺（1英尺约等于0.30米）高，由坚固的石块组成，每个重达2吨。他要负责俯瞰整个完整的结构。不好意思，没有激光瞄准器，没有昂贵的测量仪器，只能用一些木头和绳子。

正如许多房主所知，仅仅用木匠所使用的三角尺和卷尺来标记一个建筑物的地基或是露台的周长，是一个非常困难的任务。这座金字塔实际建造与设计仅仅一度之差。它的4个三角形平面耸立空中数百英尺高，花费了成千上万吨的岩石和成千上万人的多年劳作。它们不但汇成一个顶点，而且该顶点为一个基本规则的正四棱锥的顶点。

埃及法老被人们尊崇为神，他的军队把敌人的阳具砍下只为计数。[10]但他不是全能的神，比如他就不能建造弯曲的金字塔。无论怎样，埃及几何学在应用上已经成为一门很成熟的学科。

埃及人称负责测量的人为哈佩多诺塔（harpedonopta），照字面意思理解为"拉紧绳子的人"。哈佩多诺塔雇佣3个奴隶为他打理绳子。绳子在固定的距离上有绳结，所以把它拉紧，以绳结作为顶点，可以构成给定长度和角度的三角形。例如，如果你分别拉伸绳结为30码（1码约等于0.91米）、40码和50码的绳子，便会在30码和40码间得到一个直角。斜边（hypotenuse）在希腊语中最初的意思是"拉伸"。该方法看起来很简单，却十分完美而有创意。如今我们可以说，那些拉绳子的人拉出的不是直线，而是沿着地球表面的测地线。尽管有想象的成分，我们仍然可以看出，这正是我们今天用数学领域的一个分支——微分几何，来分析空间局部性质的一小部分。这就是证明了平直空间性质的勾股定理。

埃及人在尼罗河定居之时，在巴勒斯坦地区和波斯湾之间的区域，又一个文明诞生了。[11]它始于公元前4000年的美索不达米亚地区，该地区位于底格里斯河和幼发拉底河之间。公元前2000年至公元前1700年之间的某个时间，生活在波斯湾北部的非闪米特人征服了南方的邻居。他们胜利的统治者汉谟拉比，以巴比伦城来命名这个统一后的王国。我们可以将一个比埃及人更成熟的数学体系归功于巴比伦人。[12]

假如有外星人通过超级望远镜从234000000亿英里（1英里约等于1.61千米）外观察地球，可以观察到当时巴比伦人和埃及人的生活习惯。但对于我们这些困在地球上的人来说，把史实拼凑在一起难度要大很多。我们知道埃及数学主要有两个来源：一是莱茵特纸草书（Rhind Papyrus），因A.H.莱因特将其捐赠给大英博物馆而命名；二是莫斯科纸草书（Moscow Papyrus），保存于莫斯科美术博物馆。关于巴比伦人的最新证据来自尼尼微[13]（古代亚述的首都）的废墟，在那里发掘出1500块泥板。不幸的是，没有一块包含数学文本。幸运的是，在亚述地区出土了几百块泥板，主要来自尼普尔和基思（Kis）的废墟。如果说翻遍废墟就如同在书店里搜寻，那么这些书店都包含了与数学有关的部分。废墟中涵盖了有参考价值的表格、教科书和其他一些能揭示巴比伦数学思想的物品。

例如，我们知道，巴比伦人的工程师不仅仅在项目中投入人力。比如挖一条运河，他会注意到运河横截面为梯形，计算有多少体积的土需要移动，考虑每人每天的挖掘量，得出这份工作所需的日工人数量。巴比伦放贷者甚至计算复利。[14]

巴比伦人不写方程式。他们所有的计算都被表述为文字问题。例如，其中一块泥板上有着精彩的记录，"长度为四[15]，对角线为五，宽度是多少？它的大小未知。四乘以四等于十六。五乘以五等于二十五。你从二十五个中拿走十六个，剩下九个。为了得到九我应该乘以多少？三乘以三等于九。三是宽度。"今天，我们会写"$x^2=5^2-4^2$"。对问题进行冗长陈述的缺点是，它缺乏简洁性，不如写方程式让人一目了然，而在当时应用代数规则也不是那么容易。

　　数千年后这一特殊的缺点才被纠正：最早使用加号来表示相加关系，出现在1481年的一份德国手稿中。

　　上面的记录表明，巴比伦人似乎已经知道了勾股定理：对于一个直角三角形，斜边的平方等于直角边的平方和。埃及人拉绳索的技巧似乎表明他们也知道这一关系。但是巴比伦抄写员们在他们的泥板上写满了令人印象深刻的三个一组的数字表。

　　他们在泥板凹陷处记录下数组，如3、4、5，5、12、13。但也有一些大数字如3456，3367，4825。随机找3组数满足这样的关系，概率是很小的。例如，在1，2，…，12这12个数字中，有成百上千的方法选择不同的3组数；但只有3、4、5这一组满足勾股定理。除非巴比伦人使用了大量人力让他们一生都在做这样的计算，否则我们就可以得出结论，他们找到这些三元数组是因为掌握了足够多的基本数论知识。

　　尽管如此，埃及人的成就和巴比伦人的聪明才智，对数学的贡献仅限于为后来的希腊人提供了一些数学事实和经验法则。他们就像传统的野外生物学家一样，耐心地对物种进行分类，而不是像现代遗传学家一样，试图了解有机体是如何发展和运作的。例如，尽管两个文明都知晓勾股定理，但没有一个总结出我们今天写出的 $a^2+b^2=c^2$ 的一般形式（c 是直角三角形斜边的长度，a 和 b 是其他两条直角边的长度）。他们似乎从未思考过为什么这样一个关系得以存在，或思考如何从它推导出更多的关系。这是精确的吗，或者只是一个近似关系？从原则上讲，这是一个有争议的问题。但更实际地讲，谁在意这样的问题呢？在古希腊人出现之前，没有人在乎。

　　考虑一个问题，它是古希腊人最头痛的问题，却丝毫没有困扰到埃及人或巴比伦人。非常简单。给定一个边长为1单位的正方形，对角线的长度是多少？古巴比伦人计算为1.4142129（转为十进制记数法）。这个答案在三个六十分之一的地方是准确的（巴比伦人使用六十进制）。古希腊人的毕达哥拉斯学派意识到这个数字不能被写成一个整数或分数，我们今天知道，这意味着它是没有固定模式的无限小数：1.414213562…这对希腊人造成了巨大的创伤，关于比例的宗教危机，让至少一名学者因此被谋杀。谋杀的原因是关于2的平方根的值，为什么呢？答案就在伟大的希腊主流思想中。

3. 在七位哲人之间

发现数学不仅仅是计算泥土体积或税收，要归功于2500多年前一个从商人转做哲学家的孤独的希腊人，他叫泰利斯。[16]是他为毕达哥拉斯学派的伟大发现奠定了基础，并最终导致欧几里得写出《几何原本》。他生活在这样一个时代，那时在世界各地，知识的钟声以各种方式敲响，唤醒了人类的思想。在印度，出生于公元前约560年的释迦牟尼，开始传播佛教。在中国，老子和他同时代出生于公元前551年的孔子，在思想发展上产生重大成果。在希腊，所谓的黄金时代也开始了。

小亚细亚西海岸附近有一条叫米安德（Meander）的河流，因河流蜿蜒而得名，流入一片荒凉的位于今天土耳其地区的沼泽平原。大约2500年前，沼泽中曾经是当时最繁荣的希腊城市，米利都。当时，它是爱奥尼亚地区的一座沿海城市，位于现在已经被淤泥填满的海湾。

米利都被山和水所封闭，只有一条通往内陆的便利路线，但至少有4个港口，是东爱琴海的海洋贸易中心。从这里，船只向东经过一系列岛屿和半岛，行驶至塞浦路斯南部、腓尼基和埃及；向东则行驶至欧洲的希腊。

公元前7世纪，这座城市里发生了一场人类思想的革命，人们反对迷信，反对对事件进行草率定论。这场暴动持续了近千年，并形成了现代演绎法的基础。

我们对这些具有开创性的思想家的认识，往往源于后来的学者，

如亚里士多德和柏拉图的著作，它们带有偏见，有时是相互矛盾的。

这些传奇人物中大多数是希腊人，但他们不认可希腊神话。根据流传下来的故事，他们经常被迫害，流放，甚至自杀。

尽管有不同的说法，但在公元前640年左右的米利都，有一对父母生下了叫泰利斯的男婴，人们普遍认为这是一个里程碑。泰利斯常被称为世界上第一个科学家或数学家。这种职业出现得太早，显然不能威胁到当时传统行业的首要地位，比如，作为性交易的一部分，男性为了性满足所用的皮革垫，也是米利都比较有名的产业。[17]我们不知道泰利斯是做这些交易，还是做咸鱼、羊毛等米利都热卖的商品交易，但他是一个富有的商人，他可以使用现金来做任何他喜欢做的事，比如退休后致力于研究和旅行。

古希腊由一些政治上独立的小城邦组成。有些是民主的，有些由小贵族或暴虐的国王控制。

古希腊人民的日常生活中，我们最了解的是雅典人的生活，他们在赫楞（相传为希腊人的祖先）时期就有许多相似之处，在泰利斯后几个世纪几乎没有改变，除了饥荒和战争时期。希腊人似乎喜欢社交：去理发店、逛寺庙、逛集市。苏格拉底很喜欢一家鞋匠店。第欧根尼·拉尔修（希腊哲学家）曾经写过一个叫西蒙的补鞋匠，他是把苏格拉底的言论以对话形式记录下来的第一人。在一家存有公元前5世纪遗骸的商店里，考古学家还发现酒杯的一小块上刻着西蒙的名字。[18]

古希腊人也喜欢开晚宴。在雅典，晚饭通常在讨论会之后，不夸张地说其实就是"群聚喝酒"。狂欢的人们将葡萄酒一饮而尽，讨论哲学，唱歌，说笑话和猜谜语。那些猜谜失败或者犯了各种各样错误的人会受到惩罚，比如在房间里裸体跳舞。如果说希腊的聚会是为了缅怀学园生活，那是因为他们十分重视知识，喜欢探究未知。

泰利斯似乎对学习有着永不满足的渴望，这也是许多希腊人的特质并造就了希腊人的黄金时代。在前往巴比伦的旅途中，他学习了天文学和数学原理，并将这些知识带到希腊，获得了当地的好名声。他有一项传奇成就 —— 预测公元前585年发生的日食。希罗多德告诉我们，发生于战争时期的日食促使人们迅速结束战争，并带来持久的和平。

泰利斯也在埃及投入了大量的时间。埃及人拥有建造金字塔的专业技能，但缺乏测量金字塔高度的洞察力。泰利斯对埃及人从经验中发现的事实寻求理论解释。这样一来，泰利斯得以从一个几何定律推导出另一个，或者套用别的问题的解决方案，因为他已经从特定的实际应用中提取出抽象原理。他利用相似三角形的性质向埃及人展示了如何测量金字塔的高度，[19]他们十分震惊。后来他又使用类似的技术来测量一艘船在海上的距离。他在古埃及成了名人。

在希腊，泰利斯被他的同时代人命名为7位圣人 —— 世界上最聪明的7个人之一。考虑到当时普通人较为原始的数学能力，他的功勋更令人印象深刻。例如，几个世纪之后，伟大的古希腊思想家伊壁鸠鲁依然认为太阳无非是一团火球，而且和我们看到的一样大。[20]

泰利斯向几何学的系统化迈出了第一步。他第一次对几何学定理进行证明，就是几个世纪之后欧几里得收集于《几何原本》中那样的定理。决定哪些定理会推出另外一些定理，需要制定一系列规则，由此泰利斯发明了第一个逻辑推理系统。他首次考虑了空间图形的全等概念 —— 如果在同一平面上平移和旋转一个图形可以与另一个相重合，即可认为这两个图形相等。将相等的概念从数字扩展到空间对象，是把空间进行数学化的一个巨大飞跃。这一点在当时并不像我们在早年上学时学的那样显而易见。事实上，正如我们所看到的，它涉及同质性的假设，即一个图形在移动时既不变形也不改变大小，当然这在所有空间中都不成立，包括我们自己的物理空间。泰利斯用埃及人的"地球测量"（earthmeasurement）来命名他发明的数学，[21]但希腊人称之为几何学（geometry）。

　　泰利斯断言，通过观察和推理，我们应该能够解释自然界发生的一切。他最终得出了一个革命性的结论——自然界是遵循一定规律的。雷鸣不是愤怒的宙斯所发出的巨大声响，一定有更好的解释可以通过观察和推理获得。在数学中，关于自然现象的结论应该通过规则来验证，而不是猜测观察。

　　泰利斯还谈到了物理空间的概念。他认识到，世界上所有的物质，尽管种类繁多，但本质上是一样的东西。[22]在没有任何证据的情况下，这是一种惊人的直觉跳跃。很自然地，下一个问题就是，这基本的东西是什么？生活在港口城市，[23]直觉让泰利斯选择水作为基本元素。具有讽刺意味的是，泰利斯的学生Milesian和他的同伴Anaximander，他们的直觉来自于人类从低等动物进化而来的进化论观点，从而选择鱼作为基本元素。

　　当泰利斯进入虚弱的老年时期，出于对自己衰老的恐惧，他见了欧几里得几何学最重要的先驱者，来自萨摩斯的毕达哥拉斯。萨摩斯曾经是一座大城市，坐落于爱琴海的萨摩斯岛，离米利都不远。今天到岛上的游客仍然可以找到一些破碎的柱子和一块可以俯瞰古代港口遗址的玄武岩。在毕达哥拉斯时代，这座城市十分繁华。毕达哥拉斯18岁时，他的父亲去世了。他的叔叔给了他一些银币和一封介绍信，把他打发到附近的莱斯博斯岛（Lesbos）去拜访哲学家费雷杰斯，该岛名也是女同性恋（lesbian）这个词语的由来。

　　据传，费雷杰斯研究了腓尼基人的秘密书籍，并向希腊引入了对灵魂不朽的信仰，这也成为毕达哥拉斯的宗教哲学的基石。毕达哥拉斯和费雷杰斯成为了终身的朋友，但毕达哥拉斯并没有在莱斯博斯岛待太久。到20岁的时候，毕达哥拉斯来到米利都，在那里见到了泰利斯。

　　历史上的图片中，[24]毕达哥拉斯是一个年轻的男孩，有着平直的长发。他没有穿传统的希腊长袍，而是穿着裤子，像古代的嬉皮士一样去拜访著名的老圣人。那时的泰利斯认识到自己早年的辉煌已淡去，也许在男孩身上看到年轻时的自己，他为自己精神状态不佳而表示歉意。

我们几乎不知道泰利斯对毕达哥拉斯说过什么，但我们知道他对这位年轻的天才有很大的影响。

泰利斯死后的几年，人们有时会发现毕达哥拉斯坐在家里，唱着歌颂已故先驱的歌曲。所有关于这次见面的描述中，有一点是一致的：泰利斯给了毕达哥拉斯如同霍勒斯·格里利（美国著名激进报人）一般的待遇，但并没有告诉他要向西行，而是向这位年轻人推荐了埃及。

4.神秘的社团

毕达哥拉斯听取泰利斯的建议，[25]去了埃及。但在那里，他并没有在埃及数学中找到诗意。在希腊，几何对象往往被形容为物理实体。线是哈佩多诺塔们拖拽的绳子，或是一块区域的边缘。长方形是一块土地的边界或一块石头的表面。空间可以是泥浆、土地和空气。对于希腊人（而不是埃及人）来说，将浪漫和隐喻引入数学的想法是值得赞扬的：空间可以是一种数学抽象，同样也可以应用到许多不同的环境中。有时候一条线就是一条直线，但是同样的线可以代表一座金字塔的边缘，一块区域的边界，或者是乌鸦飞行的路径。知识是可以举一反三的。

据传说，有一天，毕达哥拉斯散步到一家铁匠铺，这时他听到各种锤子敲打着沉重的铁砧的声音。他不由得陷入思考。在对各种弦进行了一些实验之后，他发现了和声的递进，以及振动弦的长度和它发出声音的音高之间的关系。例如，一条弦的长度是原来的两倍，则发出的音高是原先的一半。这是一种简单的观察，却是一种深刻的革命，人们认为这是人类发现自然法则的第一个例子。

想象数百万年前，当某个人发出了"呀"或"哼"的声音后，另一

个人说了句固定短语。[26]这短语如今已经失传，但大概就是"我知道你的意思"的意思。那时，语言的概念已经出现。在科学领域，毕达哥拉斯的"谐波定律"具有同样的里程碑式的意义，这是人类第一次将物理定律用数学形式来表达。必须知道一点，在他所处的时代，人们并不知道简单数字现象背后的数学原理。比如毕达哥拉斯学派发现把一个矩形的两边长度相乘便得到它的面积。

对于毕达哥拉斯来说，数学的许多有趣之处来自于他和他的追随者发现的许多数值上的模式。毕达哥拉斯学派把整数想象成小石子或小点，它们在特定的几何图形中排列。他们发现，将鹅卵石铺成两行两列，三行三列，以此类推，这样的阵列能形成一个正方形。毕达哥拉斯学派把这类可以排成正方形的石子数量称为"平方数"，这也是为什么我们如今把这些数字称为"平方"的缘故，比如4，9，16等。至于其他数字，他们发现可以把石子排布成第一行1个，第二行2个，第三行3个，以此类推，来形成一个三角形，例如3，6，10等。

平方数和三角形数的性质让毕达哥拉斯深深着迷。例如，第二个平方数4，等于前两个奇数1+3之和；第二个平方数9，等于前三个奇数1+3+5之和，等等（这对第一个平方数1也成立，因为1=1）。发现所有平方数都等于连续奇数之和时，毕达哥拉斯注意到，同样地，所有三角形数等于连续整数之和，包括奇数和偶数。而且，平方数和三角形数是可以联系起来的，如果你把两个相邻的三角形数相加，就会得到一个平方数。

勾股定理，看上去也十分不可思议，想象一个古代学者仔细研究每一种类的三角形，而不只是罕见的直角三角形，测量它们的角度和边长，旋转它们并进行比较。如果有人这样研究，大学里很可能有一个专门的学科。"我的儿子是伯克利分校的数学老师，"某个母亲会自豪地说，"他是研究三角形的专家。"有一天他的儿子发现一个神奇的规律，每个直角三角形的斜边平方都等于两条直角边的平方和。这对大的、小的、胖的、瘦的直角三角形都成立，但对其他三角形却不成立。这绝对是值得《纽约时报》头版头条登出的重大发现："直角三角形令人震惊的性质！"加上副标题"其应用还需多年"。

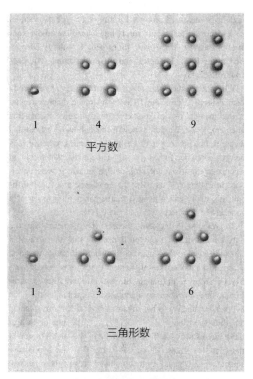

勾股定理的小石子图案

为什么直角三角形的边遵循这样一个简单的关系？可以用毕达哥拉斯经常用的一种几何学上的乘法运算来证明毕达哥拉斯定理。我们不知道毕达哥拉斯本人是否就是用这种证明方法，但这样证明非常直观，因为是纯几何意义上的证明。如今，人们想出了更简单的证明方法，用代数甚至三角函数，但在毕达哥拉斯时代它们都还没有被发现出来。但几何学证明真的不难，实际上只不过是一个曲解数学家连点成线作法的版本。

为了用纯几何方法证明勾股定理，你唯一需要知道的计算事实是一个正方形的面积等于边长的平方。这也是毕达哥拉斯的小石子计数

法在现在的陈述。给定一个直角三角形，目标是由它伸展出3个正方形：边长分别等于这个直角三角形的斜边和两个直角边的长度。如果我们能证明斜边的平方，也就是斜边延展出的正方形的面积等于其他两个正方形的面积之和，那么我们就证明了勾股定理。

为了更简单一点，我们给三角形的三条边分别取名字。斜边（hypotenuse）已经有了名字，虽然很冗长，我们依然保留，只是将首字母大写以区分我们这一条特别的边，即把hypotenuse写成Hypotenuse。把另两条边取名阿列克谢和尼古拉。巧合的是，这是本书作者两个儿子的名字。写到这里的时候，阿列克谢长得更高一些，而尼古拉较矮，此后我们都沿用这个习俗来命名三角形的边（该证明对两条直角边相等的直角三角形也同样适用）。首先我们画一个正方形，其边长是阿列克谢和尼古拉之和。接着，在每边取一个点，把边分成两部分，其边长分别是阿列克谢和尼古拉，最后把点连成线。这样做有很多种方法，我们感兴趣的两种方法展示在第15页的图中。其一是一个以直角三角形斜边为边长的正方形，加上四个可以补齐的三角形。其二是两个正方形，边长分别为阿列克谢和尼古拉，加上两个可以补齐成大正方形的长方形。接着把长方形沿着对角线切割成4个三角形，大小和第一种方法里的三角形一样。

剩下的只是拼接了。两个被切割的大正方形面积相等，所以把它们去掉4个三角形之后，剩余的部分面积也相等。在第一张图中剩余正方形的面积是斜边长的平方，而第二张图中剩余两个正方形的面积是边长阿列克谢和边长尼古拉的平方和。这样我们就证明了这个定理！

如此成功的定理的确让人印象深刻，毕达哥拉斯的一个门徒这样写道[27]："如果不是因为数字和它的种种性质，世界上任何现存的事物对人们来说都是不清晰的。"为了表达毕达哥拉斯学派的基本哲学思想，他们发明了"数学"（mathematics）这个词，源于希腊语mathema，意为"科学"（science）。这个词的起源反映了这两个学科之间的紧密联系。尽管今天的数学和科学有着明显的区别，但我们将看到，直到19世纪这区别才变得明显起来。

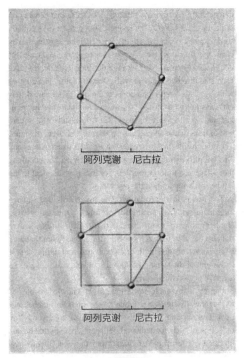

勾股定理

聪明的谈话和废话之间也有区别，毕达哥拉斯并不是总能区分这一点。

毕达哥拉斯对数字关系的敬畏使他形成了对数字占卜的神秘信仰。他首次把数字分类为"奇数"和"偶数"，但他又做了更个性化的一步：把奇数称为"阳性的"，把偶数称为"阴性的"。他把具体数字与概念相联系，例如1是推理，2是观点，4是正义。

由于他的系统4是由正方形表示的，所以把正方形与正义联系在一起，这就是我们今天仍在使用的这个表达的来源，如"公平交易"（a square deal）。为了给毕达哥拉斯合理的历史定位，人们必须认识到，一个人是有才还是只在说废话，用几千年的视角来判断要容易得多。

毕达哥拉斯是一个有魅力的人物，是一个天才，同时他也是一个很好的自我推销者。在埃及，他不仅掌握了埃及的几何学，而且成为第一个学习埃及象形文字的希腊人，并最终成为一名埃及牧师，或者相当于，得以参与他们的神圣仪式。这使他能知晓一切秘密，甚至可以进入庙宇的密室。他在埃及待了至少13年。离开并非他所愿——波斯人入侵埃及并俘虏了他。毕达哥拉斯在巴比伦登陆并最终获得了自由，接着全面学习了巴比伦数学知识。他终于在五十岁的时候回到了萨摩斯。当毕达哥拉斯回到家乡时，他已经综合了当时所有关于空间和数学的哲学理论并打算传播，他所需要的只是一些追随者。

他对象形文字的了解使许多希腊人相信他有特殊的能力。他希望关于他的传说能使人们将他与普通公民区分开来。其中一个离奇的故事是他攻击一条毒蛇并咬死了它。[28]另一个传闻是一个小偷闯入毕达哥拉斯的家，看到了一些奇怪的东西，这让小偷空手而逃并拒绝透露他看到了什么。毕达哥拉斯的大腿上有一个金色的胎记，他把它作为神性的象征。萨摩斯的人不是很容易受到他的说教的影响，所以毕达哥拉斯很快就离开了，去了一个不那么世故的地方，叫克罗顿，一个希腊人殖民的意大利城市。在那里，他建立了追随者的"社团"。

毕达哥拉斯的生活传奇得以传播，许多方法与后来有超凡能力的领袖耶稣相似。很难说关于毕达哥拉斯的神话传说没有影响到后来关于基督故事的创作。例如毕达哥拉斯，很多人相信他是上帝之子，[29]在基督的故事中，上帝之子是阿波罗。他的母亲叫帕提诺斯，意为"处女"。在去埃及之前，毕达哥拉斯曾在卡梅尔山上过着隐士的生活，就像在山上的基督独自守夜一样。有一个犹太教派，叫艾赛尼派，盗用了这个神话，据说后来与施洗约翰有了联系。还有一个传说是毕达哥拉斯从死里复活，尽管据传毕达哥拉斯是藏在一个秘密的地下室里伪造了这个故事。许多关于基督的不可思议的力量和事迹都要归功于毕达哥拉斯：据说他能一次出现在两个地方；他可以让水面平静和控制风；他曾经受到神圣声音的问候；他有在水上行走的能力。[30]

毕达哥拉斯的哲学也与基督有一些相似之处。例如，他鼓吹你应该爱你的敌人。但在哲学上，他更接近与他同时代的释迦牟尼（约公元前560~前480年）。他们都相信转世，[31]人可能转世成动物，所以即使是动物也可以被曾经的人类灵魂所居住。因此，这两种观点都认为所有生命都有很高的价值，反对拿动物祭祀，并提倡严格的素食主义。据传，毕达哥拉斯曾经拦住一名打狗的男子，[32]告诉他这只狗是自己上辈子的老朋友。

　　毕达哥拉斯认为，财产妨碍了对神圣真理的追求。那个时期的希腊人有时会穿羊毛和各种颜色的服装。富裕的男人们偶尔会把斗篷披在肩膀上，用金针或胸针系上，骄傲地展示他们的财富。毕达哥拉斯拒绝奢侈，禁止他的追随者穿除了白色亚麻布之外做成的衣服。

　　他们不去挣钱，而是依靠克罗顿（Croton）平民的慈善事业，也许还有他的一些追随者的财富，将财产集中起来，过着公有制的生活。很难确定他的组织的性质，因为那个时代当地的风俗以及人的看法与现在是如此不同。例如，毕达哥拉斯把他们和普通人区分开来的两种方式是不随地小便和不在别人面前做爱。[33]

　　保守秘密在毕达哥拉斯社团中十分重要，也许是源于他曾当过埃及祭司的秘密体验。也许是为了避免在革命性想法公之于众时导致反对意见，造成麻烦。其中有一项发现需要极端保守秘密，据传说，对泄露秘密的人采取处死惩罚。

　　回想一下确定单位正方形对角线长度的问题。[34]巴比伦人将其计算到6位小数，但对毕达哥拉斯学派来说，这还不够好。他们想知道它的确切值。如果你不知道确切值，怎么能假装知晓一个正方形里面有多少空间呢？问题是，尽管他们能得到越来越精确的估计值，但都不是确切答案。不过毕达哥拉斯学派并不容易被吓倒。他们富有想象力地问自己，这个精确数字存在吗？他们得出结论是不存在，并独创性地证明了这一点。

今天，我们知道对角线的长度等于2的平方根，是一个无理数。这意味着它不能以十进制形式写成小数形式，或者等价地，它不能被表示为一个完整的整数或分数，而毕达哥拉斯学派只知道这两种数。

显然，毕达哥拉斯遇到了麻烦。一个正方形的对角线的长度不能表示为任何数字，这一事实很糟糕，对一个高瞻远瞩地宣传数字就是一切的人来说。他是否应该改变他的哲学：除了表示某些非常神秘的几何大小，数字就是一切？

毕达哥拉斯本可以将实数系统的发明提前几个世纪，只要他做一件简单的事情：给定对角线的名称，比如说d，或者更好的符号$\sqrt{2}$，并且把它当成一种新的数。如果他这样做了，他可能已经抢先开始了笛卡儿的坐标革命，因为描述这一新的数的类型很可能需要发明数轴。但相反，毕达哥拉斯放弃了将几何图形与数联系起来的这一有前途的尝试，并宣称有些长度不能用数表示。毕达哥拉斯学派把这样的长度称为alogon，意为"不可公度比"（notaratio）长度，我们今天把它说成"无理的"（irrational）。alogon这个词有双重含义：它也意味着"不可言说"（not to be spoken）。毕达哥拉斯以为他的学说解除了困境，而且很难被推翻，因此，根据全部学说保密原则，他禁止追随者透露这个令人尴尬的悖论。[35]但并不是所有人都听从。据传说，他的一个追随者希帕苏斯（Hippasus）泄露了这个悖论。今天人们被谋杀的原因有很多 —— 爱情、政治、金钱、宗教 —— 但没有人因为告密了2的平方根而死。然而对于毕达哥拉斯学派来说，数学是一种宗教，因此，当希帕苏斯打破必须沉默的誓约时，他被暗杀了。

这种对无理数的抵制持续了几千年，直到19世纪晚期，当时德国数学天才康托尔（Georg Cantor）在前人基础上做出了开创性的工作。他的前任老师利奥波德·克罗内克是一个性格乖戾的人，他"反对"这种不合理的东西，他非常不同意康托尔的这个观点，事事为难他，破坏他的事业。康托尔无法忍受这一点而崩溃，[36]他生命的最后几天在精神病院度过。

随后毕达哥拉斯在困顿中离世。大约在公元前510年，一些毕达哥拉斯学派的人来到附近的一个叫西巴利斯（Sybaris）的城市，表面上他们是在寻找追随者。除了他们都被谋杀了之外，此行的细节记录很少。后来，一群西巴利斯人逃到克罗顿，逃离了刚在城里掌权的暴君特拉斯（Telys）。特拉斯命令他们回国。毕达哥拉斯打破了他的一个基本原则：远离政治。他说服克罗顿人不要驱逐流亡者。一场战争爆发了，克罗顿人赢了，但对毕达哥拉斯来说，损失已经造成。他现在有了政治上的敌人。大约在公元前500年他们袭击了他的组织。毕达哥拉斯逃跑了。目前还不清楚他之后发生了什么：大多数消息来源说他自杀了；另一些人说他平静地度过了几年，并在一百岁左右死去。

毕达哥拉斯的社团在被袭击后维持了一段时间，直到公元前460年，又一次进攻屠杀了他的几个追随者。直到公元前300年，他的学说以某种形式得以保存下来。在基督诞生前一百年，他的学说被罗马人复兴，并成为罗马帝国的统治力量。毕达哥拉斯主义影响了当时的许多宗教，例如亚历山大犹太教、古埃及的古老宗教和我们现今看到的基督教。公元2世纪，毕达哥拉斯学派的数学与柏拉图学派相结合，获得了新的动力。公元前4世纪，东罗马帝国皇帝查士丁尼（Justinian）再次对毕达哥拉斯学派的后裔们进行了打击，罗马人憎恨毕达哥拉斯的希腊哲学家们。他们留长发和胡须，[37]他们使用毒品，如鸦片，更不用提他们不信基督教。查士丁尼下令关闭学院并禁止教授哲学。毕达哥拉斯主义接着留存了几个世纪，于公元600年的黑暗时代消失。

5.欧几里得宣言

公元前300年左右，在地中海的南部海岸、靠近亚历山大城的尼罗河以西，住着一名学者，他的工作可以与《圣经》相提并论。他的方法影响了哲学的发展，并定义了19世纪前的数学本质。他的工作成果成为当时高等教育不可或缺的内容，至今仍然如此。中世纪欧洲文明的复兴得益于对此人工作的重建。

斯宾诺莎效仿他。[38]亚伯拉罕·林肯研究他。康德为他辩护。

这个人的名字叫欧几里得。人们对他的一生几乎一无所知。他吃橄榄吗？他看戏剧吗？他是高还是矮？历史难以回答这些问题。我们所知道的是，[39]他在亚历山大城开办了一所学校，有才华横溢的学生，对唯物主义不屑一顾，似乎是个很好的人，至少写了两本书。其中一本已然失传的书是关于圆锥曲线的，研究一个平面和一个圆锥的交点产生的曲线，这成了阿波罗尼奥斯（Apollonius）后来重大工作的基础，[40]极大地促进了航海学和天文学的发展。

他的另一本著作《几何原本》是有史以来人们最广为阅读的"书"之一。《几何原本》有着类似电影《马耳他之鹰》（*The Maltese Falcon*）一样曲折的历史。[41]首先，它实际上不是一本书，而是一套13卷的羊皮纸。这些原始版本没有一个幸存下来，即便后来的一系列版本流传下来，但在黑暗时代几乎完全消失。欧几里得作品的前四卷并不是原始的《几何原本》，而是一位叫希波克拉底（Hippocrates）的学者（不是那个同名的希腊医生）在公元前400年写的一部作品，也叫《几何原本》（*Elements*），人们认为这大部分就是欧几里得作品中的内容。

《几何原本》中收集的内容都没有经过授权，欧几里得没有声明所有定理的原创性。他认为他的角色是组织和系统化希腊人对几何学的理解。他最先通过纯粹思维来全面描述二维空间的性质，丝毫不涉及物理世界。

欧几里得《几何原本》最重要的贡献在于其创新性的逻辑推理方法：首先，通过写下精确的定义来明确术语概念，从而确保对所有词语和符号的一致理解。接下来，通过阐明明确的公理或假设（这些术语是可互换的）来明确概念，避免使用未声明的理解或假设。最后，推导出系统的逻辑结果，只采用公认的逻辑规则，作用在公理和之前证明的定理上。

挑剔，挑剔，再挑剔。为什么要坚持证明每一个微小的断言？不像普通的高楼大厦，数学是一座直线型的大厦，只要一块数学砖头腐朽就会倒塌。无论任何谬误进入数学体系，即使是最无害的，都会使整座大厦变得不可信。你就不能相信任何东西。

　　事实上，一个定理指出，[42]如果任何错误的定理被允许进入一个逻辑系统，无论是关于什么的，你都可以用它来证明1等于2。据传说，一个怀疑论者曾把逻辑学家伯特兰·罗素（Bertrand Russell）逼入绝路，试图攻击这个涵盖一切的定理（尽管实际上他说的是相反的）。"好吧，"怀疑者说，"如果我允许1等于2成立，请证明你是教皇。"据说罗素思考了很短时间就回答说："教皇和我是两个人，因此教皇和我是一体的。"

　　证明每一个断言都意味着，特别是直觉这种东西，尽管能提供价值的指引，但必须通过证明这一道门槛。"直觉上很明显"这句话在证明中并不是正当的理由。我们都太容易犯错了。

　　想象一下，沿着地球赤道滚一个纱线球，一共有25000英里。现在想象在赤道上方一英尺做同样的事情，你需要增加多少纱线——500英尺还是5000英尺？

　　让我们更容易看明白一点。想象一下，再滚两个球，这一次在太阳表面，另一个在太阳表面之上1米。你必须在哪个球上加更多的纱线，地球还是太阳？直觉告诉我们是太阳，但答案是，二者增加长度相等，都是2π米，或者大约6.3米。

　　很久以前有个叫"我们做交易"（Let's Make a Deal）的电视节目。参赛者面对3个被窗帘遮住的台面。一个台面放着贵重物品，比如一辆汽车；另两个是安慰奖。让我们假设选手选了第二个台面，然后，主人会打开未被选择的台面，例如台面三。假设台面三是一个安慰奖，那么真正的奖品在台面一或者你选择的台面上。这时主持人会

问你是否愿意改变选择，在这里是，选择台面一而不是台面二。你会怎么做？从直觉上看，不管怎样，你的机会都是一样的。如果你没有其他信息，那确实如此，但你有你先前选择的历史和主持人的行为的信息。仔细分析你最初选择的所有可能性，或者应用恰当的公式，称为贝叶斯公式[43]，将提示你改变选择获得奖品的概率更大。有许多数学上的例子表明直觉失效，只有从容按照步骤推理才能揭示真相。

精确是数学证明中要求的另一个属性。一个观察者可以测量单位正方形的对角线长为1.4，或者改进他的仪器，得到1.41。虽然我们可能会认为近似值已经足够好，但这样的近似值永远不会具有革命性的洞察力——长度是无理数。

微小的量变可以导致巨大的质变。以买州彩票（state lottery）为例，满怀希望的失败者常常耸耸肩说："如果你不买，你就不会赢。"这当然是对的。但同样正确的是，在中奖概率是百分之零点几的情况下，无论你买不买彩票，赢的机会都很小。如果彩票委员会宣布决定将赢的几率从0.00001降到零，会发生什么？这是一个小小的改变，但会对他们的收入产生巨大影响。

保罗·库里，一个住在纽约的业余魔术师，发明了一个诡计，[44]为此提供了一个很好的几何例子。拿一张正方形的纸，画7×7格的小方格。将大正方形切成5块，然后将它们重新排列成如图所示（见P23）。其结果是一个"正方形甜甜圈"（a square donut），与原来的正方形大小一样，但中间却有一个小正方形不见了。失踪的区域发生了什么事？这是否证明了一个定理，先前的正方形和甜甜圈具有相同的面积？

答案是，当5块重新拼接在一起时，就会有一些重叠，所以这张图有点欺骗意味，或者说是一个近似。排在最上面的第二个方块的高度稍微高一些，所以这个大的正方形比原来的高了1/49，正好可以用来解释丢失方块的面积。但如果我们被限制以2%的精度去测量长度，我们就不能区分二者的细微差别，从而得出诡异的结论，认为先前的

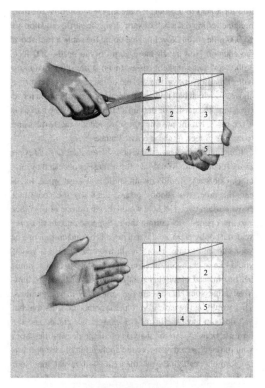

保罗·库里的诡计

正方形和甜甜圈正方形面积相等。

这样的小偏差在实际的空间理论中起作用吗？阿尔伯特·爱因斯坦广义相对论的主要思想是革命性的弯曲空间理论，它与经典牛顿理论的区别就在水星的近日点位置有所偏离[45]。根据牛顿力学，行星在完美的椭圆轨道上运动。一个行星离太阳最近的点叫做近日点，如果牛顿理论是正确的，那么行星每年绕太阳公转将会回到相同的近日点。

1859年，奥本·尚·约瑟夫·李维里尔（Urbain Jean Joseph Leverrier）在巴黎宣布，他发现水星近日点实际上是有微小移动的，当然移动距离没有很明显的影响 —— 大约每过1世纪相差38秒距离。然而，这种偏离必然有原因。李维里尔称其为"一个严重的困难，值得天文学家们注意。"1915年，爱因斯坦发展的理论足够计算水星的轨道，他

的发现这与微小偏差相一致。根据一位传记作家亚伯拉罕·派斯（Abraham Pais）的说法，这是"他的科研生活中的高潮。他太激动了，三天都不能工作。"尽管这偏离很微小，却表明经典物理的不适用性。

欧几里得的目标是，构建一个系统，可以不受基于直觉得出的假设的影响，不受猜测和不精确性的干扰。他给出了23个定义，[46]5个几何公设，还有5个他称之为"公理"（common notions）的另外的公设。在此基础上，他证明了465个定理——基本上就是他所处时代的所有几何知识。

欧几里得的定义包括了点（point），线（line）（在他的定义中可以是曲线），直线（straight line），圆（circle），直角（right angle），表面（surface）和平面（plane）。他非常精确地定义这些术语。他写道，平行线是"同一平面上的两条直线，两端延伸至无限长，并在任何一端都不相交。"他写道，圆是"一个由一条线（即曲线）包围的平面图形，并且所有经过圆心（位于图形中心）的直线被该图形切成的两部分相等。"对于直角，欧几里得写道："在一条直线上作一条直线，它们的交角全相等，那么每个相等的交角都是直角。"

欧几里得的一些其他的定义，如对点和线的定义，是模糊且几乎无用的：一条直线是"点在上面均匀分布。"这个定义可能来自于建筑行业，通过闭上眼睛和延伸线的长度来检查线是否直。要理解它，你脑子里得先有一条线的图像。一个点是"不能分成部分的东西"，另一种定义是"边界对它来说毫无意义"。

欧几里得的公理更为优雅。它们被认为是常识的非几何学的逻辑命题，[47]不同于之前那些几何意义明确的假设。这是他和亚里士多德的区别。通过明确地表达这些凭直觉的假设，他实际上增加了假设，但他显然觉得有必要将他们与纯粹的几何公设区分开来。以下是他深度思考过认为有必要表达的陈述：

1.等于同量的量彼此相等。

2.等量加等量，其和仍相等。

3.等量减等量，其差仍相等。

4.彼此能够重合的物体是全等的。

5.整体大于部分。

有了这些准备之后，欧几里得几何学的几何基础部分是他的5个公设。前4个很简单，可以用一种优雅而明确的语言来描述。用现代语言来描述，它们是：

1.任意两个点可以通过一条直线连接。

2.任意线段能无限延长成一条直线。

3.给定任意线段，可以以其一个端点作为圆心，该线段作为半径作一个圆。

4.所有直角都全等。

公设1和2似乎与我们的经验相符合。我们知道如何从点到点画一条线段，而且不会因为空间有限而阻止我们扩展线段。公设3有些微妙，部分暗示了空间距离是这样定义的，当我们把线段从一处移动到另一处的时候，线段的长度不会改变。公设4看起来简单明了。要理解它的精妙之处，请回忆一下直角的定义：它是两条直线相交，当两侧角度相等时的角度。我们已见过多次：一条线垂直于另一条线，交点两侧的角度都是90度。但定义本身并不能说明这一点，它甚至没有规定角度的度量值总是相同的。我们可以想象一个世界，如果直线相交于某个点，那么该角度可能等于90度，但如果它们相交于其他地方，则角度等于另一个数。所有直角都全等的公设保证了这种情况不会发生。从某种意义上说，这也意味着一条直线沿着延伸方向的长度是一样的，是一种完全笔直的状态。

欧几里得的公设5叫平行公设（parallel postulate），听起来不那么明显直观。它是欧几里得自己的发明，而不是他所记录的知识的一

部分。然而，他显然不喜欢这种假设，并似乎尽可能避免使用这种假设。后来的数学家们也不喜欢它，觉得它作为一个公设不够简单，应该作为一个可以证明出的定理。

在此，公设5的表达接近欧几里得的原作：

5.若两条直线都与第三条直线相交，并且在同一边的内角之和小于两个直角和，则这两条直线在这一边必定相交。

平行公设（如下图所示）给出了判定两条共面直线是相交、平行还是分离的标准。画一张图比较容易理解。

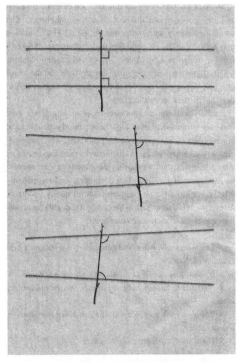

欧几里得的平行公设

平行公设有很多不同版本的等价描述。其中一个描述空间非常清晰的是说：

给定一条直线，通过此直线外的任何一点，有且只有一条直线与之平行。

违背平行公设可以有两种方式："不存在平行线"；或者"通过一点存在多于一条平行线"。

在一张纸上画一条线，在线外画一个点。你是否可以在点上画一条平行线？是否可以画多于一条平行线？平行公设能否描述我们的世界？一个几何图形如果违反了以上定理，是否在数学上依然有自洽性？最后两个问题最终导致了思想上的革命，前者让我们对宇宙的看法有了改变，后者对我们对数学性质和意义的理解产生了影响。但在2000年里，几乎没有其他任何领域的人类知识能比欧几里得的公设所表达的"事实"更被普遍接受，大家都认为，（过直线外一点）只有一条平行线存在。

6.美女，图书馆，文明的终结

欧几里得是在亚历山大城工作的学者中第一位伟大的数学家，不幸的是，那些学者并没有更多发现。马其顿人[48]是居住在希腊大陆北部的希腊人，公元前352年在马其顿的菲利普二世的带领下，他们征服并统一了希腊。在一场决定性的失败战役后，雅典领导人在公元前338年接受了马其顿人的和平条款，希腊城邦很快失去了独立性。仅仅两年后，在参加一个他自己的雕像展示为新的奥林匹斯神的国家仪式上，菲利普二世被杀害：他被自己的保镖刺死。他的儿子亚历山大，也就是后来的亚历山大大帝，当时二十岁，继承了他的王位。

亚历山大非常重视知识，也许是因为他受到了自由主义教育，而几何学在其中发挥了重要作用。他尊重外国文化，但显然不尊重他们的主权独立性。不久，他就征服了希腊、埃及和近东地区的其他国家，直至印度。他鼓励跨文化交流和异族通婚，他自己就娶了波斯女人为妻。不满足于以身作则，他命令地位最高的马其顿公民也要和波斯女

人结婚。[49]

公元前332年，在帝国的中心，这位世界主义的国王亚历山大开始建造他奢华的首都亚历山大城。就像建造古代的迪士尼乐园一样，亚历山大精心设计这座大都市，让它成为文化、贸易和政治的中心。即便对于宽阔的林荫大道，他的设计都像在做一个数学陈述：建筑师应该把大道布局成格子形状，这是一种古怪的对解析几何的期待，再过18个世纪都未被发明出来。

9年后，亚历山大死于一种未知疾病，当时他的大都市已经开始建造，但还未建成。他的帝国瓦解，但亚历山大城依然逐步建成。它的几何结构十分巧妙，因为马其顿将军托勒密接管了亚历山大帝国的埃及部分，此后这座城市成为希腊数学、科学和哲学的中心。托勒密的儿子即很有创造性的托勒密二世，后来接管了亚历山大城，并建造了一座巨大的图书馆和博物馆。为了景仰七位缪斯女神（muses），博物馆（museum）一词由此得来，但它其实是研究机构，而且是世界上第一个国家级的研究机构。

托勒密的后继者热衷于珍藏书籍，用特别的方法来获取这些书。托勒密二世希望《旧约》有个希腊译本，就把这件事"委托"给监禁在法罗斯群岛牢房里的犯人们去做。托勒密三世写信给世界上所有国家的君王，要求借他们的书并保管。[50]最后，这一激进的收购方法取得了成效：亚历山大图书馆收藏了20万到50万张莎草纸卷，想看哪卷取决于你相信谁提供的历史。这些书代表了当时世界上绝大多数的知识储备。

博物馆和图书馆使亚历山大城成为世界上最大的知识分子中心，他们有前亚历山大帝国最伟大的学者，研究几何和空间性质。如果《美国新闻与世界报道》（U. S. News & World Report）对学术机构的调查扩展到所有历史，那么亚历山大将击败有牛顿（Newton）的剑桥大学、有高斯（Gauss）的格丁根大学和有爱因斯坦（Einstein）的普林斯顿高等研究院，成为世界第一。在欧几里得之后的几乎所有伟大的希腊数学和科学思想家都在这座令人难以置信的图书馆里工作。

公元前212年，亚历山大图书馆的馆长埃拉托色尼（Eratosthenes of Cyrene）[51]可能一辈子从未冒险远行超过几百英里，却成为历史上第一个测量地球周长的人。他的计算在同胞中引起了轰动，证明他们的文明在这颗行星上是多么的渺小。商人、探险家和梦想家们一定在想："大洋彼岸有智慧生命吗？"在今天，能与埃拉托色尼相比的壮举，可能会是人类第一次揭示宇宙不止于太阳系。

埃拉托色尼在不远行探险的情况下洞察了我们星球的特质。就像爱因斯坦一样，他成功地运用了几何学。埃拉托色尼注意到，在赛尼城（Syene）[今天叫阿斯旺（Aswan）]的夏至日中午，一根棍子在地上投不出影子。[52]对埃拉托色尼来说，这意味着一根笔直插在地面上的木棍与太阳的光线平行。把地球画成一个圆圈，从圆心画出一条线直至圆圈上代表赛尼城的一点，并向外延伸，它与代表太阳光线的线平行。现在沿着地球表面的圆圈移动，离开赛尼城到达亚历山大城，再画一条线从地心到这个点，很明显这条线与太阳光线不平行，它们相交成一角度，这也是为什么我们能看到阴影的原因。

有了在亚历山大城的阴影长度和《几何原本》里关于一条线与两条平行线相交的定理，足以让埃拉托色尼计算出从赛尼城到亚历山大城之间的弧度，从而算出部分地球周长。他发现这大约占了地球总周长的1 / 15。

埃拉托色尼雇佣了一位默默无闻的同事，通过步行过两座城，测量出它们的距离。这可能是他雇佣的第一个研究助理。同事负责地报告说两地相距约500英里。乘以50之后，埃拉托色尼算出地球周长约为25000英里，与真实值差了不到4%。其值之精确，足以让当时的他获得诺贝尔奖，而对那位无名的步行者，或许可以谋一个图书馆里的终身职位。

埃拉托色尼并不是亚历山大时代唯一为理解宇宙做出重大贡献的人。天文学家阿利斯塔克斯使用了一种巧妙而又有点复杂的方法，将三角学理论和一个简单的天体模型结合起来，计算出月球的大小和离地球的距离。希腊人再一次更新了他们在宇宙中的位置。

另一位亚历山大时代的明星是阿基米德。他出生在西西里岛的叙拉古（Syracuse），为了在皇家数学学院（royal school of mathematics）学习而去了亚历山大。我们可能不知道哪位天才把石子或木头做成了圆形，为了吸引观众，又做成了世界上第一个轮子，但我们知道谁发现了杠杆原理：阿基米德[53]。他还发现了浮力原理，对物理学和工程学做出了许多其他贡献。在数学方面，他把该领域提升到了一个高度，一直未被超越，直到18世纪后符号代数和解析几何工具出现。

阿基米德的数学成就之一是完善了微积分的计算方法，与牛顿和莱布尼茨的理论相差无几。考虑到当时笛卡儿几何学还未出现，这更是令人印象深刻的壮举。他认为自己的最高成就在于发现内嵌在圆柱体里的球体（也就是球体半径与圆柱半径相等，直径与圆柱高度相等）体积是圆柱体的三分之二。阿基米德十分自豪于这个发现[54]，甚至要求在墓碑上刻一幅这样的图。

当罗马人入侵叙拉古时，75岁的阿基米德被一名罗马士兵杀害，当时他正在研究在沙中画的几何图形。人们将他的坟墓按照他的遗愿镌刻。一百多年后，罗马演说家西塞罗访问了叙拉古，在靠近一个大门的地方发现了阿基米德的坟墓，被人遗忘的坟墓上满是荆棘和蒺藜。西塞罗修整了坟墓。可惜的是，坟墓在今天却无处可寻。

公元前2世纪，亚历山大时代的天文学发展也达到了顶峰，[55]比如公元前2世纪的希帕克斯和公元2世纪的克罗狄斯·托勒密。希帕克斯观测天体长达35年，结合他的观测与巴比伦人的数据，他构建了一个太阳系的几何模型，5个已知行星、太阳和月亮都沿着复合圆轨道绕地球运动。他非常成功地描述了从地球上看到的太阳和月亮的运动，且他可以预测月食出现时间，误差不超过几个小时。托勒密在一本名为《天文学大成》（*Almagest*）的书中提炼并扩展了这项工作，为天体运动提供了理性的解释，完成了柏拉图未完成的计划。这些工作在哥白尼前一直是天文领域的主流思想。

托勒密还写了一本书描述地球环境，名为《地理学》（*Geographia*）[56]。制图学是一门高度数学化的学科，因为地图是平的，而地球几乎是球形的，球体被映射到一个平面上不能同时保证面积和角度都精确。《地理学》代表了制图学的开端。

到2世纪，数学、物理学、制图学和工程学都有了巨大发展。人们知道物质是由不可分割的部分组成的，它们称为原子。人们发明了逻辑、证明、几何学和三角学，以及微积分的一种形式。在天文学方面，人们知道世界很古老，也知道我们生活在一个球体上，甚至知道这个球体的大小。人们开始慢慢理解我们在宇宙中的位置，并坚定了继续探索的决心。如今我们知道，在几十光年之外，还有类似太阳系的星系。如果黄金时代（Golden Age）能够持续，也许如今我们已经发出探测器去探索这些星系了。登陆月球的时间就会在969年，而不是1969年。我们可能会探索到今天我们难以想象的空间和生活。但是，下面发生的事件把希腊人的探索进程推迟了一千年。

关于中世纪人们智力衰退的原因，写出来可能比亚历山大图书馆的所有文字都要多。原因并不简单。托勒密王朝在公元前2世纪时衰落了。托勒密十二世在公元前51年临死前，把他的王国遗赠给他的儿子和女儿，儿子在公元前49年对妹妹发动了一场政变，夺取了掌控国家的唯一权力。他的妹妹不甘这种待遇，偷偷前往罗马帝国，为她的案子辩护（当时，尽管从理论的角度讲，托勒密王朝是独立的，但其实已经被罗马帝国统治）。埃及艳后（Cleopatra）和恺撒大帝的风流韵事也由此开始。最后，埃及艳后声称自己和恺撒大帝有一个儿子。他是埃及人的有力盟友，但他们的联盟注定要与恺撒本人结盟。公元前44年3月，3名罗马参议员对他们的皇帝进行了猛烈的攻击，并将

他刺死。恺撒大帝的侄子屋大维（Octavian）将亚历山大和埃及置于罗马帝国的统治之下。

罗马人征服希腊后，成为希腊遗产的守护者。希腊传统的继承者们征服了世界的大部分地区，同时也面临着许多技术和工程问题，然而他们的皇帝却不像亚历山大或埃及的托勒密王朝那样支持数学的发展，他们的文明也没有产生像毕达哥拉斯、欧几里得和阿基米德这样的数学天才。在他们有记录的1100年里，从公元前750年开始的历史中，从未有过罗马定理，甚至连一个罗马数学家也没有。对希腊人来说，确定距离的长短一直是一个数学挑战，涉及到三角形的全等和相似、视差法和其他几何学理论。在一本罗马教科书中，[57]有一个问题是，在敌人占领河岸的条件下，找一种方法来确定河的宽度。"敌人"（The enemy）一词在数学上有很多值得商榷的意义，但在罗马人的思考方式中只有一个意思。

罗马人对抽象的数学一无所知，并且以此为傲。正如西塞罗所说："希腊人把几何学的发明视为最高荣誉。对希腊人而言，没有什么比数学上取得进步更值得骄傲的了。但我们也知道这门艺术在测量和计算上的局限性。"也许对于罗马人，我们会说："罗马人将战士视为最高荣誉，因此，在他们中间，没有什么比强奸和掠夺更有成就了。但我们也知道这门艺术在征服世界上的局限性。"

这并不是说罗马人没文化。他们有。他们甚至写过自己的拉丁语技术书籍，但都是由希腊人的知识粗略改编而成。例如，欧几里得书籍的主要翻译者是一位罗马参议员，叫提乌·曼利厄斯·塞维林·波爱修（Anicius ManliusSeverinus Boethius）[58]，他来自一个古老的家族，是一位罗马时代类似《读者文摘》的编辑。波爱修对欧几里得的作品进行了删改，改成适合学生的叙述方式，并准备了一些多项选择题。

如果在今天，他的翻译可能被冠名为《傻瓜欧几里得系列》或者在电视广告中宣传"请拨打1-800-NOPROOFS"（就像给苹果公司拨打1-800-MY-APPLE一样），但在波爱修的时代，这是本权威教科书。

波爱修只给出定义和定理，而且也没觉得用近似代替精确结果有什么不妥。那真是非常宽容的时代。因为换成其他时期，可以很直接地说，他翻译错了。他并没有因为对希腊思想的歪曲而被剥皮、钉死、烧死，也没有受到中世纪时期知识分子的惩罚。他的垮台是因为他也参与了政治活动。524年，他因与东罗马帝国有"叛国牵连"而被斩首。他还真应该继续翻译数学书籍的。

另一本典型的歪曲本意的书，是由亚历山大的一个游历甚广的商人写的。"地球，"这位罗马人写道，"是平的。人类居住的部分是长方形，其长度是宽度的两倍……北部是一座圆锥形的山，被太阳和月亮围绕着。"他的书叫《基督教地志》（Topographia Christiana）[59]，并不基于对现实的观察和推理，而只是基于《圣经》而写。当你抿一口美味含铅的罗马葡萄酒时，可以读读这本好书。这本书一直是畅销书，直到12世纪，此后罗马帝国已成历史。

最后一位在亚历山大图书馆工作的伟大学者叫希帕蒂娅（Hypatia）[60]，她是历史记录的第一位伟大的女学者。370年左右在亚历山大城出生，是著名数学家和哲学家席恩（Theon）的女儿。席恩教授女儿数学。女儿成了他最亲密的合作伙伴，并最终超越了他。她的一个学生叫达马西斯（Damascius），后来成为一个激烈的批评家，说她"生来比父亲更有教养和才华"。几个世纪以来，许多作家讨论了她的命运和更深的历史意义，比如写《罗马帝国衰亡史》的爱德华·吉本[61]和伏尔泰。

在5世纪初，亚历山大城是基督教最大的中心地之一。这使得教会代表和国家代表之间斗争不断。这是亚历山大的社会动荡期，基督徒和非基督徒之间，如希腊的新柏拉图主义者和犹太人，一直激烈冲突。391年，一群基督徒暴徒袭击并几乎烧毁了亚历山大图书馆。

412年10月15日[62]，亚历山大城的基督教大主教去世。他的侄子名叫西里尔（Cyril），人们说他对权力十分饥渴，并且不受欢迎。当时的世俗权威是一个名叫俄瑞斯忒斯（Orestes）的人，他在412～415年间是亚历山大城和埃及的行政长官。

希帕蒂娅把她的智力遗产追溯到柏拉图和毕达哥拉斯，而不是通过基督教教会。有人说她甚至选择在雅典学习，并获得了雅典最好的学生的桂冠，而且每当她出现在公众面前时，她都会戴上这个花环。据说，她在两本著名的希腊著作——丢番图的《算术》和阿波罗尼乌斯的《圆锥曲线》——中写了大量的评论，这两部作品至今仍被广泛阅读。

希帕蒂娅是一位美女，也是一位充满魅力的讲师，她参加了很多关于柏拉图和亚里士多德的公开讲座。据达马西斯说，[63]整座城市的人都"喜爱她，崇拜她"。每天结束的时候，她会坐上马车去学院的演讲厅，房间里装饰辉煌，有着涂着香油的灯和希腊艺术家设计的巨大的圆形大厅。希帕蒂娅穿着一件白袍，戴着桂冠，面对着大批人群，用她富有雄辩力的希腊文，吸引了来自罗马、雅典和其他伟大城市的学生。罗马的行政长官俄瑞斯忒斯也参加了她的讲座。

俄瑞斯忒斯成为希帕蒂娅的朋友和知己。他们经常见面，不仅讨论她的演讲内容，还讨论市政和政治问题。这使她完全站在俄瑞斯忒斯一边，与西里尔斗争，成为西里尔的一个大威胁，她的门徒在亚历山大和外面都有很高的地位。希帕蒂娅得以有勇气继续她的演讲，尽管西里尔和他的追随者散布谣言说她是一个女巫，说她在市民身上练习黑魔法和撒旦咒语。

关于接下来发生的事情有几个版本，大多数类似。[64]415年的一个早晨，希帕蒂娅正爬进她的马车里，有人说当时她在住所外面，也有人说在街上想要骑马回家。数百名西里尔的跟班，来自沙漠修道院的基督教僧侣，扑向她，殴打她，并把她拖到教堂。在教堂里，他们剥去她的衣服，用磨碎的瓦片或碎陶器剥去她的肉。后来，他们撕开她的四肢，把剩余部分烧毁。有人说部分尸体被散布于全城。

希帕蒂娅的作品全被毁了。没过多久，图书馆的残余书籍也被销毁。俄瑞斯忒斯离开了亚历山大城，也许人们还会想起他，但在历史文献中他已经没了消息。后来西里尔获得了他所渴望的在帝国官员中的影响力。他最终被封为圣徒。

最近的一项历史研究估计，[65]在历史上，平均每300万人中就有一个值得纪念的数学家。今天，这项研究工作在世界各地广泛展开。在4世纪，人们必须用原始的笔在卷轴上小心刻字来复制作品，因此任意一本遗失的书卷都能列入濒危物种名单。我们不知道巴比伦和希腊的数学中还有多少宝贵的思想，因为图书馆的藏书超过20万卷。这个图书馆有100多部索福克勒斯的戏剧，而今天只有7部幸存。希帕蒂娅是希腊科学和理性主义的化身。随着她的去世，希腊文化也因此消亡。

随着476年罗马的陷落，欧洲继承了巨大的石砌庙宇、剧院和大厦，以及现代市政服务，如街灯、热水和污水系统，但在智力上的成就却少之又少。到800年[66]，欧几里得《几何原本》的拉丁翻译的片段仍然存在。它们藏在一些测量学的书籍中，只包含公式，使用近似值，并不尝试推导。希腊传统的抽象和证明似乎消失了。随着卓越的伊斯兰文明的繁荣，欧洲陷入了深度智力衰退。人们给这个时期的欧洲起了一个名字：黑暗时代（Dark Ages）。

最终，希腊人的思想会复活。像《基督教地志》这样的书不再受到欢迎，波爱修的作品被更忠实的译本所取代。在中世纪晚期，一群哲学家创造了一种理性的学术氛围，使16世纪伟大的数学家如费马、莱布尼茨和牛顿的理论得以繁荣发展。其中一位思想家是下一场关于几何学和空间概念革命的焦点人物。他的名字叫勒奈·笛卡儿。

第二章

笛卡儿的故事

我们在空间中处于什么位置？数学家们是如何发现图表和坐标的简单原理，从而引发了哲学和科学的重大突破？

7.适时的革命

我们是如何知道自己所处的位置的？在认识到空间本身存在之后，这可能是下一个很自然的问题。也许制图学，也就是研究地图的学问，可以提供答案。但制图学只是个开始。为了得到关于位置描述的一个合适理论，将会产生更深刻的陈述，远远胜过"寻找卡拉马祖，看F3区域"这样的话。

关于位置，除了命名一个地点之外，还有更重要的事情。想象一下外星使者在地球上降落的情景，他们或许是靠氧气生存的有黏性的泡泡头生物，或者可能是一种多毛的、类似于类人猿的个体，喜欢吸一氧化二氮。想要交流的话，如果外星人带了一本字典就好了。但这就足够了吗？如果好的交流就是说"我是塔赞你是简"，也许可以。但是为了交换这穿越星际间的想法，我们还得互相学习对方的语法。

在数学方面也是如此，所谓"字典"——用来命名平面、空间、球面上的点的系统——只是一个开始。关于位置理论的真正力量在于能够将不同的位置、路径和形状相互联系起来，并能用方程来描述它们——这是几何和代数的统一。

今天，就像一本老式教科书说的那样，[1]"只需很少的努力，学生们就可以得到并掌握这些数学工具。"很难想象，如果伟大的天文学家/物理学家开普勒和伽利略熟悉解析几何工具，他们是否会创造出更伟大的理论，可他们并不知道这些工具。而有了这些数学工具后，他们的继任者牛顿和莱布尼茨创造了微积分和现代物理学。如果代数和几何没有统一，就不会有现代物理学和工程学的那么多进步。

就像证明是一场革命一样，随着地图的发明，第一个路标出现于古希腊时代。尽管希腊人有许多特殊天赋，但希腊文明的终结导致代数和几何的统一未能完成，这种潜在的可能性也消失了。接下来的一步是图形的发明，但这是在黑暗时代之后知识传统的复兴之后的事情了。最后，这场革命持续了十几个世纪，塑造了一批伟大的希腊数学家和制图师。

8.纬度和经度的起源

没人知道谁制作了第一幅地图，也不知道制作时间和原因。我们只知道已知最早的地图能够制作出来，[2]是因为埃及人发明了几何学。这些地图，简单的黏土片，可以追溯到公元前2300年。上面刻着的不是地形关键点或宗教装饰，而是财产税记录。公元前2000年，在埃及和巴比伦，房地产地图记录了诸如财产概要和所有者的信息。我们可以想象，一个戴着宝石的美索不达米亚女人，神情有点紧张，指着手中的黏土片上面的一个点，用古老的语言庄严地唱着："位置，位置，位置。"

越来越多的勇敢的灵魂开始探索七大洋，一个更重要的目标是为了创造地图。早在1915年，沙克尔顿爵士的船，叫坚忍号（The Endurance），被南极的冬天所困，对船员来说，最大的危险不是来自每小时近300千米的风和−37摄氏度的温度，而是找不到返回的路。纵观历史，情况一直如此。在辽阔的公海上，海员和探险家面临的最严峻的挑战是不迷路。假设你被困在一个没有参考信息显示你身在何方的地方，除了一个收发无线电的设备外没有任何导航工具，你只能呼叫寻求帮助，却无法告诉救援人员你所在的方位。

我们今天用来描述地球表面上的某个位置的两个坐标是经度和纬度，在你的心里想象3个点、两条线和1个球体。这个球体代表地球。接着，把3个点这样放置：一个点固定在地球北极，一个点放在地球中心，第三个点放在地球表面的某个地方。用你的第一条线将地球北极与地球中心两点连接。这是地球的自转轴。用另一条线将地球中心与表面一点相连。这条线将与第一条线成一个夹角。该夹角决定了这个点的纬度。

纬度的最初概念起源于古代气象学家亚里士多德。在研究地球上的位置如何影响气候后，他建议将地球划分成5个由北/南位置限定的气候区。这些区域最终被画在地图上，由恒定的纬线隔开。正如亚里士多德的理论指出的那样，你可以通过气候，至少在平均意义上定出你的纬度。地球在两极地区是最冷的，当你向赤道移动时，气候就会变暖。当然，在一些特定的日子，斯德哥尔摩可能比巴塞罗那更温暖，所以除非你愿意在一段时间内进行测量，否则这种方法是没有用的。确定纬度的更好方法是看星星。如果你在地球自转轴线上找到一颗恒星，这就特别简单了。在北半球有这样一颗恒星——北极星。北极星并不是一直以来都指向北极[3]，因为地球的轴线不是精确地固定在星星上，而是沿着26000年一个周期的小锥体轨迹进动。古埃及的一些大金字塔有一些通道排列在天龙座α星的方向上，当它们建成时，天龙座α星成了北极星。古希腊人也曾有过这样的经历：在他们的时期里，没有真正的北极星。

大约一万年前，在北半球很容易找到北极星。它就是织女星，是北方夜空中最亮的一颗星。

如果你朝北能同时看到北极星和地平线，那么简单的几何学可以证明，你到北极星和你到地平线之间的夹角就是你所在的纬度。这种关系仅仅是近似的，因为它假设北极星恰好位于地球的轴线上，而地球的半径和北极星与地球的距离相比是可以忽略的，这两者都是良好但不完全准确的假设。1700年，艾萨克·牛顿发明了六分仪，这是一种用来减少目视测量纬度误差的装置。当然，被困的旅行者可以用传统的方式来做，但是，用两根棍子作为量角器来确定经度更困难。在你的脑海里再加上一个比地球大得多的球体，它的中心是地球。在这个球体上画上星星，就成了一幅星空图。如果地球没有自转，你可以参照这张星空图来测量经度。然而，地球自转的影响是，你这一刻看到的星空图将是站在你西方一小段距离的人即将看到的星空图。准确地说，由于地球在24小时内旋转了360度，所以一个在你西方15度的观察者在一个小时后会看到你这一刻看到的同样的景象。在赤道地区，这一距离大约有1000英里。比较两个在同一纬度拍摄的恒星快照，如果没有时间戳，也不能得到经度的信息。另一方面，如果你比较另一个人在同一纬度同一夜晚同一时间的星空快照，你就可以确定你们在经度上的差异。即便如此，你也需要一个时钟。

直到18世纪，时钟才能够经受住运动和温度的变化，以及船只在海上航行时含盐水汽的影响，仍然保持足够精确，以便在漫长的海上航行中确定经度。精度要求并非微不足道：在6周的航行中，就算每一天只有3秒钟的误差[4]也会累积成超过半度的经度误差。直到19世纪，仍有许多不同的用于定义经度的约定。最后，在1884年10月[5]，世界上的一条午线被统一约定为零经度线，以便世界各地的经度差异得以测量。这条"黄金子午线"（prime meridian）经过伦敦郊外的格林尼治天文台。

世界上第一幅希腊人绘制的世界地图是由泰利斯的学生阿那克西曼德（Anaximander）在公元前550年左右完成的。他的地图将世界分成了两个部分：欧洲和亚洲。后者包括了现在的北非。在公元前330年希腊人甚至在他们的一些硬币上刻了地图，其中一个包括海拔高度，被人们称为"第一个已知的自然地形图"。

毕达哥拉斯学派，除了他们的其他重大贡献之外，似乎是第一群提出地球是一个球体的人。当然，这个概念对于准确的地图绘制是至关重要的，幸运的是，该理论得到了柏拉图和亚里士多德的有力支持。

此后埃拉托色尼用一个球面模型来测量地球的周长，才或多或少证明了这一点。就在亚里士多德提出将世界划分为几个气候区之后，希帕克斯提出以等间距将其分隔开的概念，并以画直角的方式增加南北线。到托勒密时期，大约在柏拉图和亚里士多德之后的5个世纪，以及在埃拉托色尼之后的4个世纪，人们已经给这些线取名为"纬度"和"经度"。

在他的书《地理学》中，托勒密似乎使用了一种类似于立体投影的方法，在一个平面上表示地球表面。为了标记位置，他采用纬度和经度作为坐标，并把他熟悉的每个地方标示在坐标上——一共8000个点。他的书也有关于如何绘图的指导。《地理学》是几百年来的标准参考书。像几何学一样，制图学也准备进入现代时期。但就像几何学一样，这个领域在罗马帝国统治下没有取得任何进展。

罗马人绘制了地图，但就像把几何问题的重点放在怎样对付河对岸的敌人部队一样，这些努力都集中在纯粹实用的军事问题上。当基督教暴徒洗劫了亚历山大图书馆时，《地理学》和希腊的数学著作一起被毁。当罗马帝国衰落的时候，新时代发现了文明，那些描述空间对象的定理和关系，在黑暗时代被用来阐释空间位置。几何学和制图学终于复苏，并演变成一种新的时空理论。但在这发生之前，需要完成一项更大的任务：西方文明知识传统的复苏。

9.衰退的罗马人遗产

事情发生在8世纪末。希腊人的伟大作品和传统被遗忘了；时钟和指南针还是未来的事情，就和现在的我们看待星际迷航企业号（Starship Enterprise）一样遥远。当他们躺在床上或坚硬的地上，瑟瑟发抖或汗流浃背，等待睡眠时，当时的居民并没有喃喃自语，"除非我重新开始追求知识，否则这一时期的知识衰退和停滞将持续近一千年。"然而在这个时期出现了一个有权势的人，认识到需要学习更多知识。他采取行动，最终导致欧洲知识传统的复苏。

从遗传学角度来说，查尔斯大帝（Charlesthe Great）或查理曼大帝（Charlemagne）[6]是一个毫无成功机会的人。他死后的骨架长达1.9米，在当时是一位高大强壮的人。他的父亲是一个矮小的男人，人称"矮子丕平"（Pepin the Short），教皇斯蒂芬（Pope Stephen）在754年把他提升为国王丕平一世（Pepin I）。查理曼大帝的身高大概来自于他的母亲贝尔莎王后（Bertha Queen）。人们没有测量过她死后的骨架，但她的绰号暗示着她高大的身材：人们称她为"大饼"（grand pied）或"大脚"（big foot）。

查理曼大帝在各个方面都有强大的力量：体格上、智力上，也许更重要的是，他军队的规模也很庞大。

查理曼大帝管理国家的哲学是"拆除此墙，移至别处"，他将此应用于扩张欧洲的疆土。他推倒了他的邻国——伦巴王朝，巴伐利亚人和撒克逊人的边界，扩张了法兰克王国的领土。他成为欧洲的主导力量，并在他行至的地方宣扬罗马天主教。如果他所做的就是这些，那他也只是嗜好征服世界的另一位君王。但查理曼大帝还赞助扶持亚历山大时期的教育事业。他意识到他在位时期教师的缺乏，因此邀请王国里最杰出的教育工作者在亚琛的宫廷里建立了宫廷学校。他对教育特别感兴趣，曾经亲自鞭打一个犯了拉丁文错误的男孩。我们不知道查理曼大帝是否也自我鞭策过，但他自己是文盲，几次尝试写作都失败了。（鞭打在当时并不算严厉的惩罚，严厉的有在周五吃肉食的惩罚：处死。）

在查理曼大帝的带领下，基督教会成为奖学金的发起者，要求有文化的僧侣们进行招投标。教会学校是有组织的，附属于教堂或修道院，教师通常由教会主管提供，如多明我会（Dominicans）和方济各会（Franciscans）。他们训练牧师，培养有文化的贵族，并重塑对经典的尊重。抄写员们制作了大量的手稿——教科书、百科全书、选集等。为了提高效率，僧侣们发明了一种新的书写风格，叫做卡洛林小草书体（Carolingianminiscule）[7]，这仍然是我们今天书写拉丁字母

的基础。查理曼还热衷于自我保健。这是那个时代的特征 —— 在他追求长寿的过程中，他没有雇佣一群炼金术士，也没有召集一群医生。相反，他发明了一种神学研究工厂，那儿的神职人员全部致力于对他健康的研究。在一个单独的修道院里，300名僧侣和100名办事员不停地为查理曼祈祷，一天轮流值班3次。即便如此他还是死了，死于814年。

查理曼大帝的复兴工程在恢复原著方面几乎没有什么产出。在他去世后，他的国家领土缩小，继任者们也没有延续他的文化复兴。尽管如此，人们读写能力的水平再也没有下降到卡洛林王朝之前的时代（即查理曼时代之前）。他建立的教会学校，尽管几乎没有独立的话语权，却像野花一样传播，最终成为欧洲的大学。根据大多数历史学家的说法，第一所大学是建于1088年的博洛尼亚大学。这些促使欧洲重新成为一个知识大国，尤其是法国，成为数学中心。黑暗时代结束于世纪之交。接着，中世纪持续了大约500年。

通过贸易、旅行和十字军东征，欧洲人最终接触到了地中海和近东地区的阿拉伯人，以及东亚帝国的拜占庭人。即便有十字军东征，与欧洲人的"接触"就如同在电影《世界之战》中与火星人接触一样令人向往。恰恰在欧洲人掠夺阿拉伯土地，无情地屠杀穆斯林和犹太异教徒时，他们也垂涎于阿拉伯人的智慧。而当时西方世界的数学和科学已经衰退，伊斯兰世界仍然保留了许多希腊作品的忠实版本，包括欧几里得和托勒密的作品。尽管他们在抽象数学方面也没有取得什么进展，但他们在计算方法上取得了重大进展。宗教活动需要计算时间和日历，受此驱使，他们发展了所有6种三角函数，并完善了星盘 —— 一种可以精确观测恒星或行星高度的手持式仪器。

西方世界的教会和世俗领袖们支持学者们寻找敌人的知识，也支持从原作或阿拉伯译本中恢复遗失的希腊知识。早在12世纪，英国人阿德拉德（巴思的）（Adelard of Bath）伪装成伊斯兰教的学生前往叙利亚。后来他把欧几里得的《几何原本》翻译成拉丁文，这次翻译包括了证明部分。

一个世纪后，比萨的列昂纳多（Leonardo of Pisa），也叫斐波那契，从北非引入了"零"的概念，以及我们今天使用的阿拉伯数字系统。古希腊知识的涌入给新兴大学注入了活力。

又一个类似于希腊时期的黄金时代开始了。在当时，人们喜欢将二者进行对比。一位名叫巴塞洛缪的英国僧侣写道：[8] "正如古时候雅典的城市是自由艺术和自由文学之母，是哲学家和各种科学的看护者，我们今天的巴黎也是如此……"不幸的是，实际问题挡在了面前。

数学家安德鲁·怀尔斯（Andrew Wiles）最近在（成功地）寻求证明费马大定理的过程中，依靠的是静静思考的学术生活方式。怀尔斯生于费马之后350年。在费马之前同样长的时间，恰好是中世纪数学发展的鼎盛时期。一位中世纪教授的生活中没有提供小饼干等零食的研讨会，没有数日安静的专注思考以及偶尔在校园里漫步，没有伟大的数学家来拜访，并在当地的中餐馆享用美味的教员晚餐。大家都知道中世纪的欧洲不是伊甸园。如果你在一部廉价科幻电影中被逮住，而疯狂的科学家在他的时间机器上随机旋转，你最好祈祷自己不要在13世纪或14世纪着陆。

中世纪的数学家面对着炙热的夏天和寒冷的冬天[9]。日落之后，房屋里没有暖气也几乎没有照明。在大街上，野猪像拾荒者一样自由奔跑，屠宰动物的鲜血从肉铺里涌出，丢弃的鸡头从家禽商店的入口处飞来。只有大城市有下水道系统。甚至连法国国王路易九世也曾被街上扔来的不明物体溅湿衣服。

主宰天气的神灵也心情不好。欧洲当时处于一个潮湿和寒冷的时期[10]，十分难熬，今天人们称之为"小冰河时代"。阿尔卑斯山脉的冰川上升，这是自8世纪以来第一次出现这种情况。在斯堪的纳维亚半岛，浮冰封锁了通往北大西洋的航道、作物枯萎、农业生产率大幅下降，饥荒

蔓延。在英格兰，普通人吃狗、猫和其他一些新奇的食物，这些食物只能用"不干净的东西"来形容。贵族们同样遭受折磨：他们只能吃自己的马了。有人形容莱茵兰的饥荒，军队必须驻扎在美因茨、科隆和斯特拉斯堡的绞刑架旁，防止饥饿的市民来吃尸体。

1347年10月，一支来自东方的舰队登陆西西里岛东北部。不幸的是，欧洲大陆的人已掌握了足够多的几何知识来找到通往港口的路。当时的医疗水平不够，船上的很多人都死了。船员们被隔离。老鼠们四散开来，把黑死病带到欧洲海岸。到1351年，多达一半的欧洲人丧生。佛罗伦萨历史学家乔万尼·维拉尼（Giovanni Villani）写道[11]："这种疾病的患者会在腹股沟和腋窝下出现肿胀，并且吐血，三天就死亡了……许多土地和城市一片荒凉。瘟疫一直持续到＿＿。"维拉尼在他的报告末尾留下一片空白，让人们填补瘟疫结束的时间。这句话一语成谶：他在1348年死于瘟疫。

在这恶劣的环境中，学校没有提供任何避难所。[12]大学校园的概念还不存在。尤其是，大学根本就没有建筑。学生们住在合作公寓里。教授们在出租屋、教堂，甚至妓院里讲课。教室像住所一样没有暖气，光照微弱。一些大学采用了中世纪的做法：学生直接付给教授工资。在博洛尼亚，学生们可以雇佣和解雇教授，或因为他们未遵守合同缺席或迟到，或因为没能回答一些难题而进行罚款。如果演讲不够有趣，进展太慢，太快，或者声音不够响亮，他们会嘲笑教授或扔东西。后来莱比锡大学颁布了一项反对向教授扔石头的规定。早在1495年，德国就有一项法令明确禁止任何与这所大学有关的人用尿液来强灌新生。在许多城市，学生们和市民进行暴动和抗争。在整个欧洲，大学教授们每天对付不良行为的遭遇让电影《动物屋》（*Animal House*）在这个时候看起来更像一个礼仪教学视频。

当时的科学是古老知识的大杂烩，[13]与宗教、迷信和超自然现象交织在一起，相信占星术和奇迹很常见。就连像圣·托马斯·阿奎那（St.Thomas Aquinas）这样的伟大学者也承认女巫的存在。

在西西里岛，腓特烈二世在1224年建立了那不勒斯大学，这是第一个由非专业人员创立的大学。腓特烈对科学过于热爱[14]，有时候会不顾道德在人类身上进行实验。有一次，他让两个幸运的囚犯吃了一顿丰盛的大餐，接着把其中一人送到床上睡觉，另一个人则去打猎。然后，他把两人切开，看谁更好地消化了这顿饭。（"沙发土豆"们很容易注意到，睡觉的男人消化更快。）

　　从前，人们对时间的概念是很模糊的。[15]直到14世纪都没人知道某一刻的确切时间。白昼可以根据太阳在头顶经过的轨迹，分为十二个等间隔时间，时间长短随季节变化而变化。在伦敦，北纬51.5度的地方，在那里，6月的日出到日落时间是12月的两倍，所以中世纪的一个小时大约是今天的38~82分钟。直到在13世纪30年代，在米兰圣戈塔的教堂里才出现第一个记录和现在的1小时间隔相等的钟。在巴黎，公共时钟直到1370年才出现在皇家宫殿（Royal Palace）的一座塔楼上。[它至今存在，在皇家大道（boulevard du palais）的拐角处和时钟码头（Quai del' Horloge）的广场上。]

　　当时，还没有任何技术可以精确测量很短的时间间隔。人们只能粗略量化诸如速度变化率这样的量。像秒这样的基本单位在中世纪哲学中极少用到。相反，一个连续量被粗略地描述为处于某个等级上，或者通过两两对比来判断谁大谁小。例如，一大块银子的重量可能被说成是一只鸡的三分之一，或者是一只老鼠的两倍。这一计数系统继续恶化，因为中世纪的主要权威是由波伊修斯（Boethius）写的一本叫做《算术》（Arithmetica）的书，并没有用分数来描述比例。对于中世纪学者而言，描述事物数量的比例并不是数字，且不能用算术方法来进行运算。

　　当时的制图学也很原始。[16]中世纪欧洲的地图并不是用来描述精确的几何和空间关系。它们不按照几何原理建造，也没有规模大小的概念，相反，它们通常是象征性的、历史的、装饰的或宗教意义上的。

这些都妨碍了思想的进步，一个更直接的限制是：天主教教会要求中世纪的学者把圣经当成事实。教会教导说每一只老鼠，每一个菠萝，每一只苍蝇都包含神的旨意。这旨意只能从圣经中理解。提出其他建议则是危险的。

教会有理由害怕理性思想的重现。如果《圣经》是神圣的，那么它的权威性，无论是在自然法则上还是道德上，都取决于对《圣经》的绝对接受。然而，圣经对自然的描述经常与来自观察或数学推理的自然概念发生冲突。因此，教会在培育大学时，无意中下降了其自然和道德上的权威地位。但当看到自身的首要地位遭到破坏时，教会是不会袖手旁观的。

中世纪晚期自然哲学的论战主要集中于新兴大学的学术研究[17]，尤其在牛津和巴黎。为了寻求知识的停战，学者们花了大量的精力试图使物理理论与他们的宗教相调和。他们哲学的核心问题并不是宇宙的本质，而是一些"基本问题"，比如关于圣经中的知识是否也可以通过应用理性来得到。

第一个认为逻辑讨论是决定真理的一种方法的伟大学者，是12世纪的巴黎人，彼得·阿伯拉德（Peter Abelard）。在中世纪的法国，他的立场十分危险，他被逐出教会，他的书也被烧毁。最著名的学者，圣·托马斯·阿奎那，也是理性的支持者，但教会认可他。阿奎那以"真正的信徒"的方式寻求知识，或者至少是在寒夜不愿烧掉自己的书取暖的那个信徒。阿奎那并不是遵循纯理性推理，而是从接受天主教信仰的真理开始，并试图证明这一点。

尽管阿奎那没有受到教会的谴责，却受到当时的学者罗吉尔·培根的严厉抨击。培根是第一批认为实验观察有巨大价值的自然哲学家之一。如果说阿奎那因强调圣经而陷入麻烦，那么培根是因为把重点放在从观察物质世界得来的真理上而被认为是异端。1278年，他被判入狱14年，在获释后不久就去世了。

威廉·奥卡姆（William of Occam）是圣方济会修士，先在牛津后来在巴黎，他以"奥卡姆剃刀"闻名于世，这是至今仍在物理科学领域应用的美学。简单地说就是：一个人应该努力根据尽可能少的特定假设来创建理论。例如，创建弦论（string theory）的动机是推导出基本的常数，如电子的电荷，现存的"基本粒子"的数量（和类型），乃至空间的维数。在以往的理论中，这些信息一直以公理形式存在，而不是由公理推导出来的。在数学中，类似的美学也适用。例如，一个人应该试图用最少的公理数量来创建几何理论。

奥卡姆卷入了圣方济会的规定和教皇约翰二十二世之间的冲突中，并被逐出教会。他逃走了，与路易斯皇帝一起避难，定居在慕尼黑。他在1349年死于瘟疫。

阿伯拉德，阿奎那，培根和奥卡姆这四人，只有阿奎那幸免于难。阿伯拉德除了被逐出教会外，还被阉割，因为他对婚姻的信仰与他女朋友的叔叔不一致，而她叔叔恰巧是天主教会的教士。

这些学者对西方世界知识文明的复苏做出了巨大贡献。其中一个受益者是一位不知名的法国神职人员，他来自靠近卡昂（法国西北部城市）的阿勒马涅村[18]。从数学角度来看，他的工作是最有发展前景的。现今关于天文学和数学的书中，几乎没有提及这位成为利西厄主教的人。在巴黎大学，他并不是很受尊敬。在巴黎圣母院大教堂里，纪念他哥哥亨利的蜡烛早就熄灭。在地球上，他的纪念碑很少，但若去月球旅游，你会看到一个以他的名字命名的陨石坑，叫做奥雷斯姆（Oresme）。

10. 图形化的质朴魅力

在亚马逊雨林的深处，一名强壮而又如水一般智慧的女人，乘着小船沿着河流回家，路途中经过吸血的鱼类和成群的蚊子，回到森林的棚屋里，除了与世隔绝的居民外，几乎没有人修整过这间棚屋。她

不是中世纪的人物。她生活在今天。她是谁？也许是一个医生？一个外国援助者？但她并没有给人带来温暖。她在为雅芳公司兜售面霜、香水和化妆品。

回到纽约雅芳公司总部，西装革履的高管们用一种技术分析他们在世界范围内治疗干燥皮肤的竞争对手。该技术的发明者可能从未想过影响会如此之大。国际用蓝色表示，国内用红色表示，可以想象，图表对比了雅芳公司各个部门的年利润。他们的年度报告分析了公司的累积收益、净销售额、单位业务营业利润以及利用图表、条形图和饼图分析的其他数据。

如果一个中世纪的商人用这种方式呈现数据，人们会投来茫然的目光。这些彩色的几何图形有什么含义，为什么它们和罗马数字出现在同一文档中？当时人们发明了通心粉和奶酪（用一种14世纪的英国秘方），[19]但并没有想过将数字和几何图形结合起来。今天，知识的图形化表现是如此的普遍，以至于我们几乎不把它看作是一个数学工具——即便是雅芳公司最具数学恐惧症的高管也可以看出，利润图上的一条向上倾斜的线是使人愉悦的东西。但无论向上或向下，图形化的发明是通往描述位置的理论的重要一步。

希腊人没有将数字和几何相结合，当时的主流哲学阻碍了其发展。今天，每一个学生都知道数轴的概念，粗略地说，就是一条线上点与正负整数，以及介于其间的分数和其他数之间的有序对应。这里的"其他数"是无理数，既不是整数也不是分数。毕达哥拉斯拒绝承认有这样的数，但它们依然存在。数轴上必须有无理数，否则它会有无穷多个空洞。

正如我们看到的那样，毕达哥拉斯发现一个单位正方形的对角线长度是2的平方根，这是一个无理数。如果把该对角线沿数轴放置，一端放在零处，则另一端可被标记为对应于2的平方根的无理数。毕达哥拉斯禁止学派成员讨论无理数，因为这与他认为所有数不是整数就是分数的观念不一致。他也意识到他得禁止人们将线段与数相联系。这样做是为了回避问题，但也阻碍了产生人类历史上最富有成效的概念之一。人无完人。

希腊时期著作的毁灭有少数几个好处，其一是毕达哥拉斯对无理数的观点的影响渐渐消失。直到乔治·康托尔（Georg Cantor）和他同时代的理查德·戴德金（Richard Dedekind）在19世纪晚期的著作中，无理数的理论才成为数学领域坚实的基础。然而，从中世纪到那时，大多数数学家和科学家都忽略了无理数似乎不存在的事实，但仍然愉快而笨拙地使用它们。显然，得到正确答案带来的快乐要远远胜过使用不存在的数字时的不适感。

如今，使用"非法"的数学在科学领域已经很常见，尤其在物理上。例如，产生于20世纪20年代和30年代的量子力学理论，严重依赖于英国物理学家保罗·狄拉克（Paul Dirac）发明的一个实体，叫δ函数（delta function）。根据当时的数学定义，δ函数仅仅等于零。但根据狄拉克的定义，δ函数除了一点的值是无限的之外，在任何地方都是零。当结合微积分的某些运算时，将产生有限且（一般而言）非零的结果。后来，法国数学家洛朗·施瓦茨（Laurent Schwartz）重新定义数学规则，以适用δ函数的存在，从而导致一门全新的数学学科诞生。[20]现代物理中的量子场理论也可能是这种非法理论 —— 至少目前尚未有人用数学成功地证明这些理论是合理存在的。

中世纪的哲学家们擅长说一件事，写另一件事，甚至写一件事的同时，也写着这件事的反面 —— 无论如何能免遭失败就好。因此，在14世纪中叶，之后成为利西厄主教的尼古拉·奥雷斯姆（Nicolasd'Oresme）[21]，在他发明图形化之时，并不担心无理数能产生什么悖论。他暗中忽略了所有的数和分数能否填满图的基线（轴），只把注意力集中在怎样用图像方法分析数量关系上。

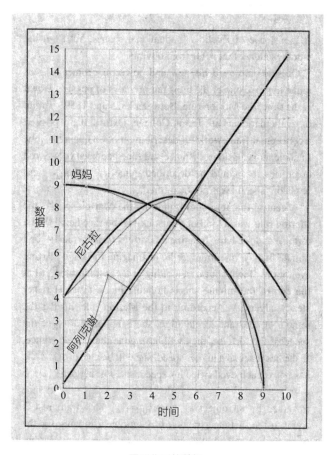

图形化后的数据

奥雷斯姆采用全新而强大的几何学技术证明了当时最著名的物理学定律之一——默顿法则（the Merton rule）[22]。在1325年到1359年间，牛津大学默顿学院（Merton College）的一群数学家提出了一个定量描述运动的概念性框架。传统方法量化了距离和时间，使之可以用某个数值来表示，但"快速的程度"或"速度"的概念尚未量化。

默顿法则是默顿学院的数学家猜想的一个中心定理，类似于一种判断龟兔赛跑快慢的标准。想象一只乌龟以比方说每小时一千米的速度跑了一分钟。而兔子开始的速度更慢，但以恒定的比率加速，最后它将跑得比它稳定的对手快得多。根据默顿法则，经过这一分钟的恒定加速后，如果兔子跳的速度是乌龟爬行的两倍，那么他们所行的距离相等。如果它达到了更高的速度就会领先，如果还没有达到两倍速度，就会落后。

用更专业的方式来说，法则指出，物体从静止开始匀加速走过的距离等于相同时间内另一物体以前一物体最大速度的一半速度走过的距离。考虑到人们对位置、时间和速度的理解尚且模糊，以及测量工具欠发达，默顿法则在当时还是十分有说服力的。但没有微积分或代数作为工具，默顿学院的学者们依然不能证明这个猜想。

奥雷斯姆以几何方式证明了默顿法则，采用了图形化方法。首先将时间放在横轴上，速度放在纵轴上（见P50图）。用这种技术，匀速就可以表示为水平线，匀定加速可以表示为以某角度上升的线。奥雷斯姆还意识到，这些曲线下方的区域——一个是长方形一个是三角形——都表示了移动的距离。

这样一来，默顿法则中物体匀加速走过的距离就可以由一个直角三角形的面积来给出。这个三角形底边长和时间成正比，高度代表最大速度。而匀速运动的物体可以由一个长方形的面积给出，它的底和直角三角形相等，但高度是直角三角形的一半。默顿法则的证明现在已简化为证明这两个几何图形具有相等的面积。比如，如果把三角形沿着斜边翻转使之面积增加一倍，再把矩形沿上底边翻转使之面积增加一倍，我们将得到相同的图形。

奥雷斯姆还用图形化推理方法发现了一个定律，[23] 但该定律通常归功于伽利略：匀加速物体走过的距离随时间的平方而增长。为了理解这个定律，再次考虑表示匀加速运动的直角三角形，其面积与其底和高的乘积成正比，而底和高都与时间成正比。

在理解空间性质时，奥雷斯姆的直觉同样令人震惊。他从伽利略

身上获得的另一个灵感是爱因斯坦相对论学说的组成部分。[24]那就是，只有相对的运动才有意义。

奥雷斯姆在巴黎的老师让·布里亚德（Jean Buridian）认为地球不会自转。因为如果自转，一根向上射出的箭将会坠落于另一个地方。奥雷斯姆用一个例子驳斥了这个观点：一名海上的水手用手沿着桅杆往下拉，他把这个动作看成垂直运动。但对陆地上的人而言，因为船在移动，这个水手的运动似乎是沿着斜对角方向的。谁是正确的？奥雷斯姆认为问题本身就定义得不好：你不能觉察出一个人是否在运动，除非他有一个参照物。如今这一观点有时被称为伽利略相对性（Galilean relativity）。

奥雷斯姆没有出版很多作品，也没有将他的工作整理成逻辑性的结论。在许多领域他都接近了革命的边缘，但接着因为教会的原因而退缩。例如，基于对相对运动的分析，奥雷斯姆继续思考是否有可能发展出一种天文学理论，让地球自转，甚至围绕太阳运动。这一革命性思想后来由哥白尼和伽利略提出。但是，奥雷斯姆不仅没能说服他同时代的人，他自己也最终否定了这一想法。他的转变不是出于理性思考，而是来自《圣经》。[25]引用诗篇93：1的话，奥雷斯姆写道："因为上帝已经创立了世界，它将不会被动摇。"

在其他问题上，奥雷斯姆也对世界的本质有深刻的见解，然后又从他感知的真相中退回。例如，关于魔鬼的存在性，他采取了一种叛逆的怀疑论观点，声称他们的存在无法用自然定律证明。然而，作为一个虔诚的基督教徒，他坚持认为魔鬼的存在是一种信仰。也许他对自己的模棱两可感到惊奇，奥雷斯姆用苏格拉底的口吻写道，[26]"除了知道我什么都不知道之外，我什么都不知道。"（I indeed know nothing except that I know nothing.）他的忠诚得到了人们的嘉奖，他本是出身贫寒的人，后来成为皇家顾问和大使，并在查尔斯本人的支持下担任查尔斯五世（Charles V.）的家庭教师。在去世前五年的1377年，奥雷斯姆荣升为主教。

尽管没有证据表明伽利略直接采纳了奥雷斯姆的工作，但他是奥雷斯姆的知识继承人。但是，奥雷斯姆在数学上的革命从未真正发展过，世界不得不再等200年，直到教会力量渐渐削弱，另外两名法国人才小心地开始了这项事业，这次是为了永远改变数学世界。

11.一个士兵的故事

　　1596年3月31日[27]，一名患病的法国贵妇人，也许有肺结核的迹象，干咳着生下了她的第三个孩子。那是一个体弱多病的婴儿。几天后，他的母亲就去世了。医生们预测婴儿很快也会离世。对孩子的父亲来说，这一定是一段难熬的时期，但他没有放弃。在接下来的8年里，他把孩子留在家里，大部分时间孩子都躺在床上，由他自己或护士照顾。这个孩子活到53岁，最后肺衰竭才将其打倒。世界上最伟大的哲学家之一，也是下一个数学革命的缔造者因此而得救。他就是勒奈·笛卡儿。

　　当笛卡儿8岁的时候（有些人说是10岁[28]），父亲把他送到了拉·弗莱彻（La Fleche）的一所耶稣会学校，当时还是新建的，但这所学校很快就出名了。学校校长允许年轻的笛卡儿每天早上睡懒觉，直到感觉准备好了再加入其他学生之中。如果你能坚持下去，这就不算一个坏习惯，而这个习惯笛卡儿坚持到了他生命的最后几个月。笛卡儿在学校表现很好，但是在8年的学习之后，他已经表现出了怀疑的态度，这一态度让他的思想变得闻名：他认为自己在拉·弗莱彻学校学到的东西要么是无用的，要么是错误的。尽管如此，为了遵从父愿，他在接下来的两年里仍然从事了更多无意义的学习，这让他获得了法学学位。

　　笛卡儿最终放弃了对文学的研究，搬到了巴黎。在那里，他夜晚忙于社交，白天躺在床上学习数学（当然，开始于下午）。他喜欢数学，偶尔也得益于数学，因为他可以把数学应用在赌桌上。没几日，巴黎的社交圈就厌倦他了。

在笛卡儿的时代，一个独立的年轻人想要旅行和冒险意味着什么？他会加入军队。笛卡儿加入了拿骚的莫里斯王子的军队。这是一支真正的志愿军队伍：笛卡儿没有因他的服务而获得报酬。但莫里斯王子却因付出而有所回报。笛卡儿不仅没有看到战争，次年还加入了巴伐利亚公爵的反对势力。首先这看起来很奇怪。笛卡儿不为任何一方而战斗。而且当时，法国和荷兰与西班牙-奥地利君主制的战争也中断了。显然笛卡儿加入军队只是为了旅行，而不是出于政治原因。

笛卡儿很享受在军队里度过的时光，他遇见了不同国家的人，却发现他仍然渴望着学习数学和科学，思考宇宙的本质。他的旅行几乎立即有了成果。

1618年的一天，笛卡儿在荷兰的布雷达小镇上看到一群人聚集在街上的一张公告前。他走过去，请一位年长的旁观者将其翻译成法语。如今可能会有许多这样的公告——比如广告，禁止停车标志，通缉告示，等等。只有一种公告你再也可能找不到，但在那时却真的存在：它是一项面向公众的数学挑战。

看了公告，笛卡儿思考了这个问题，当即说这很容易。给他翻译的那位旁观者，也许是被激怒了，也许是被逗乐了，回应了笛卡儿的虚张声势，并要求他解决这个问题。笛卡儿做到了。这位年长的男人，一个叫艾萨克·比克曼（Isaac Beekman）的人，对他印象很深刻。这不是一件容易的事，因为他是当时荷兰最伟大的数学家之一。

比克曼和笛卡儿成了好朋友，此后笛卡儿曾形容比克曼为"我研究的灵感和精神之父"。[29]正是因为有了比克曼，4个月后，笛卡儿第一次用一种革命性的方式重新描述了几何学。接下来的几年里，在笛卡儿写给他朋友的信中，有很多关于他对数字与空间之间关系的新认识。

在他的一生中，笛卡儿对希腊人的作品大多是非常挑剔的，他们的几何学理论使他尤为生气。这看起来笨拙，而且涵盖了许多不必要的困难。笛卡儿似乎对希腊几何学的阐述方式感到不满，他不得不更加努力地工作。在一篇分析古希腊的巴卜斯提出的问题的文章中，笛卡儿写道："我已经厌倦了写这么多关于它的事情。"[30]他批评了他们的证明体系，因为每一个新的证明似乎都提供了一个独特的挑战，正如笛卡儿所写的，"只有在极尽想象力的情况下，问题才能被解决。"[31]他也不赞成希腊人定义曲线的方式，因为它的描述可能会让人感到乏味，并使论证变得相当繁琐。今天，学者们写道："笛卡儿在数学上因懒惰而寻求简便方法是众所周知的，"[32]但笛卡儿并不感到羞愧，而是寻找一个更基本的体系来让几何学的证明不那么费力。这就是为什么他能够每天睡很多觉，却仍然比那些批评他的高产的学者更具有影响力。

下面是笛卡儿的一个成功例子，把本书第一部分描述的欧几里得对圆的定义与笛卡儿的定义相比较：

欧几里得的定义：
圆是一个由一条线（即曲线）组成的平面图形，并且所有经过圆心（位于图形中心）的直线被该图形切成的两部分相等。
笛卡儿的定义：
圆是所有的x，y坐标，满足$x^2+y^2=r^2$，其中r是常数。

即使对于那些不知道方程是什么意思的人而言，笛卡儿的定义看起来也更简单一些。重点不是对方程的解释，而只在于，在笛卡儿的定义方法中，圆是由一个方程来定义的。笛卡儿把空间概念转化成数字，更重要的是，他的这种转化，使得几何得以用代数形式来表达。

通过绘制一条叫"x轴"的水平线和一条叫"y轴"的垂线，笛卡儿开始了他的分析。除了一个重要的细节外，平面上的任何一点都可用两个数字表示：该点与横轴的垂直距离称为y，与竖轴的水平距离称为x。这些点通常被写成"序偶"（ordered pair）（x, y）。

现在来说说这个细节：如果我们像上面描述的那样测量距离，那么每对坐标（x，y）就会对应一个以上的点。举个例子，假设两个点距离x轴都是1个单位，但分布于y轴的两侧，比如一个点离y轴右侧有两个单位距离，另一个点离y轴左侧有两个单位距离。因为两个点都位于x轴上方的一个单位，并且都距离y轴两个单位，根据我们的描述，两点都将用坐标（2，1）来表示。

同样的歧义也可能在表达街道地址时出现。可能有两个人都住在第137街，他们都把鼻子贴在空中，坚定地说："我永远不会住在那个地方的附近。"为什么不会呢？因为《西区故事》和《东城故事》实际上是两个截然不同的故事。数学家处理的坐标歧义与城市规划者解决街道地址的方式是一样的，只不过他们使用正负号而不是东/西和北/南的名称。数学家在x坐标上附加一个负号，用来表示所有位于y轴左侧（也就是，"西侧"）的点；在y坐标上附加一个负号，用来表示所有位于x轴下方（也就是，"南侧"）的点，在上面的例子中，第一个点会保留它的坐标（2，1），但第二点改写为（−2，1），这就像把平面分成四个象限 —— 东北、西北、东南和西南。"南"象限的所有点都有一个负的y值，而在"西"象限的所有点都有一个负的x值。这个标注体系在今天称为笛卡儿坐标。（实际上，它是由皮埃尔·德·费马在同一时期发明的，但笛卡儿在他的著作中有不指出引用的坏习惯，而费马则有更坏的习惯，甚至没有将这一结果发表。）

当然，正如我们所看到的，仅仅使用坐标并不是新鲜事。[33]托勒密二世在他的地图上就已经使用了它们。然而托勒密的作品仅仅是地理上的。他认为用在球体范围之外没有什么意义。笛卡儿坐标概念的真正进步不是在于坐标本身，而在于笛卡儿怎样使用它们。

在研究古典希腊曲线时，笛卡儿十分不看好他们的定义方式，但从中发现了令人惊讶的模式。例如，他绘制了一些直线，发现任何直线上每一点的x和y坐标总是以同样的简单方式联系在一起。从代数上讲，这种关系是由$ax+by+c=0$的方程表示的，其中a、b和c是常数，也就是像3或$4\frac{1}{2}$这样的普通数字，只依赖于他所研究的特定直线。这意味着，某一点(x,y)在直线上，当且仅当a乘以x、b乘以y与c的和等于0。这是一种替代性的，代数形式的直线定义。

笛卡儿认为，直线是一组点，具有如下性质：如果你增大一个坐标的值，为了在集合中找到另一个点，你必须按比例增大另一个坐标的值。他对圆（或椭圆）的定义也用同样的原理：当你减少一个坐标的值时，你必须增大另一个，使得（加权的）坐标平方和，而不仅仅是坐标本身的和，保持不变。

在笛卡儿之前的300年前，奥雷斯姆也注意到，曲线可以通过坐标之间的关系来定义，也推导出了直线的方程形式。但是在奥雷斯姆的时代，代数并没有被广泛地传播，而且当时有更好的计数方法，[34]奥雷斯姆就没有进一步发展这个想法。笛卡儿把代数和几何联系起来的方法，相当于对奥雷斯姆思想的概括。这样一来，希腊数学中定义的曲线现在可以用更简洁的方式描述。可以证明，椭圆，双曲线，抛物线，都可以通过它们的x坐标和y坐标来满足的简单方程来定义。

曲线的类别可以由方程来定义，这对科学有着深远的影响。例如，下面是尼古拉的数据，只是小数点移动了一个位置。这张表（P 58）揭示了真实情形：纽约市每个月15日（除了1月份）的平均高温是多少。[35]一个科学家可能会问：这些数据之间是否有某种简单的关系？

正如我们所看到的，当把表中的数据图形化时，它们构成了一个简单的几何曲线 —— 抛物线。关于抛物线方程的知识现在给我们提供了一定的预测力 —— 它使我们能够对纽约的天气制定一个"平均高度定律"。定律是这样的：让y代表小于85华氏度的温度，让x代表从7月15日起的几个月，然后y等于x的平方的两倍。

让我们试试。要预测纽约的平均高温温度，比如，10月15日的温度。注意到10月是7月的后3个月，所以x是3。由于3的平方是9，10

月15日的平均温度是9的两倍，也就是18，比7月15日平均高温85华氏度要低。因此，根据"定律"，平均高温约为67华氏度。实际的平均高温是66华氏度。对大多数月份，定律效果都很好，如果你不介意处理分数的话，也可以用在预测10月15日以外的其他日子。

表　每个月15日平均高温

日期	平均高温（华氏度）
2／15	40
3／15	50
4／15	62
5／15	72
6／15	81
7／15	85
8／15	83
9／15	78
10／15	66
11／15	56
12／15	40

平均高温定律决定了 y 和 x 之间的关系；这是数学家所说的函数的一个特例。在本例中，抛物线就是函数的图象。

物理科学很大程度上也关心我们刚才所做的事情：注意数据中的规律，发现函数关系，以及（我们没有做的）解释原因。

就像物理定律可以用笛卡儿的方法推导一样，欧几里得的定理也有代数形式。举个例子，用笛卡儿的术语来考虑勾股定理。想象一个直角三角形。

为了简单起见，我们假设其竖直方向直角边沿着y轴方向从原点延伸至A点，水平方向的直角边沿着x轴方向从原点延伸至B点。那么竖直直角边长度即为边的终点A的y坐标，水平直角边长度即为边的终点B的x坐标。

在这个例子中，勾股定理告诉我们，水平方向和垂直方向直角边长的平方和x^2+y^2，是斜边长度的平方。如果我们定义A和B之间的距离是连接它们的线的长度，那么我们就会发现A和B之间的距离的平方就是x^2+y^2。现在考虑平面上的任意两点A和B。我们可以把x轴和y轴选为刚才我们说的位置，这样就可以把情况描述为A点在横轴上，B点在纵轴上。这意味着任何两点A和B之间的距离的平方，[36]仅仅是它们水平分量和垂直分量的平方和。

笛卡儿关于距离的公式与欧几里得几何学有很深的联系，[37]我们稍后会讲到。把距离看成坐标差的函数是一个普遍有效的概念，它后来成为理解欧氏几何和非欧几何有关性质的关键。

笛卡儿利用他的几何洞察力在物理学的许多领域都做出了出色的工作。他是第一个用现在的三角函数形式来阐明光的折射定律的人，也是第一个彻底解释彩虹形成的物理定律的人。他的几何方法对他的洞察力至关重要，他写道："我的整个物理学理论只不过是几何学。"[38]然而，笛卡儿推迟了19年才出版解析几何理论。事实上，他直到40岁才开始出版东西。他在害怕什么？人们通常推测，是天主教会。

在朋友们再三催促下，笛卡儿本会提前几年，在1633年就要出版一本书。后来，他的意大利同行伽利略出版了一本叫《两个世界体系的对话》的剧本。这是一本很有趣的小书，涉及三个发言人关于天文学的对话。这绝非类似百老汇戏剧一样的主流书籍，但出于某种原因，教会的神父们决定重新审查它，但并没有留下什么深刻的印象。也许他们认为代表托勒密观点的演员没有分配足够多的台词。不幸的是，在当时，当教会审查一本书时也同时审查作者，并且作者很可能遭遇

和那些被投入篝火中的书一样的命运。在对伽利略的审查中，只有书被烧毁。伽利略自己被迫宣布放弃这些书，而且，哦，对了，宗教法庭还宣判他终生监禁。笛卡儿并不是伽利略的粉丝。事实上，他在一封信中评价了伽利略的工作：“在我看来，他（伽利略）缺的东西还很多，[39]他不断走向岔道，尽力将一个领域解释完全，这表明他没有以有序的方式检查他们……”然而，他分享了伽利略的日心说，以及其他合理的想法，并把伽利略的遭遇铭记于心。尽管他住在一个新教国家，但依然取消了出版计划。[40]

最终，笛卡儿重新鼓起勇气，在1637年出版了他的第一部作品，他小心翼翼地使他的书尽可能不冒犯教会。到40岁的时候，笛卡儿不仅仅用几何图形来进行交流，而且在这唯一的一本书中把很多东西都联系在了一起。单是前言就有78页。最初的手稿有一个不太时髦的标题[41]：“将我们的自然提升到最完美程度的普适科学。其次是折射光学，大气现象和几何学。在此，作者找到的是最让人感到好奇的问题，并用这样一种方式来解释，即使是那些从未研究过的人也能理解。”这本书出版时，标题缩短了一些，可能是相当于17世纪的市场部门的人做的。尽管如此，标题还是很长。随着时间推移，标题渐渐缩短，如今这本书一般叫作《论述》（*Discourse*）或者《方法论》（*Discourse on Method*）。

《方法论》是一篇长篇文章，论述了笛卡儿的哲学和他解决科学问题的合理方法。第三个附录是几何学，论述了他的方法可以得出的结果。他把他的名字写在离标题页很远的地方，不是因为标题下没有留空，而是因为他仍然害怕被迫害。不幸的是，他的朋友马兰·梅森（Marin Mersenne）写了一篇引言，毫无疑问地把这本书的作者身份写了出来。

正如他所担心的那样，笛卡儿因为挑战教会而受到了严厉的抨击。[42]甚至他的数学理论也招致了恶劣的批评。我们说过，费马发现了一个类似的将几何代数化的方法，他在一些细节上反对笛卡儿。另一位杰出的法国数学家布莱斯·帕斯卡（Blaise Pascal）则彻底谴责了这一点。然而，个人恩怨只能暂时阻止科学进步，在几年之内，笛卡儿的几何学就在几乎所有的大学里都成为课程的一部分。而他的哲学还没有那么容易被接受。

笛卡儿遭到一个叫沃提乌斯（Voetius）的人的攻击，他是乌特勒支大学神学院的院长。根据沃提乌斯的说法，笛卡儿的异端邪说很普通，他相信理性和观察可以决定真理。事实上，笛卡儿甚至更进一步，相信人们可以控制自然，治愈一切疾病，甚至永生的秘密不久也会被发现。

笛卡儿几乎没有朋友，终生未婚。然而，他其实与一个叫海伦的女人有过一段恋情。[43] 他们在1635年有了一个孩子，叫弗朗辛。人们认为，他们三个在1637年到1640年间生活在一起。在1640年的秋天，笛卡儿深陷与沃提乌斯的斗争中，不久离开并打算出版一部新的作品。弗朗辛后来生病了，身上到处长了紫色的斑疹。笛卡儿火速赶回家。我们不知道他是否回得及时，但她在生病第三天就去世了。笛卡儿和海伦不久结束了恋爱关系。如果不是因为一份写在章节后空白页上的关于她的生活和死亡的记录，我们永远不会知道弗朗辛是笛卡儿的女儿，而不是他为了避免丑闻而说成的外甥女。尽管笛卡儿毕生以毫无感情闻名，女儿的丧生对他依然是很大的打击。没过10年他就去世了。

12. 白雪女王的冰封

弗朗辛死后几年。23岁的瑞典女王克里斯蒂娜[44]邀请笛卡儿进入宫廷。葛丽泰·嘉宝（Greta Garbo）在1933年的传记电影中扮演了克里斯蒂娜，优雅的瑞典年轻女性形象的确让人认为克里斯蒂娜是一个高挑而无忧无虑的金发美女。与通常一样，好莱坞拍出的历史并不完全符合事实。真正的克里斯蒂娜身材矮小，肩膀不均匀，声音低沉。她不喜欢传统的妇女服装，有些人说她很像骑兵军官。据说她还是婴儿的时候，就很喜欢听到枪声。

23岁时,克里斯蒂娜已经成为一名严厉的领导者,对弱者几乎零容忍。她从未对瑞典漫长的严冬环境感到不适,每天只睡5个小时。甚至数百年之后,读过笛卡儿相关经历的人可能猜测到他并不喜欢这女王如此冷酷的宫廷。但笛卡儿依然去了,为什么呢?

克里斯蒂娜是一位杰出的女性,致力于学习,并觉得自己位于欧洲北部的国家与世隔绝。她的目标是在白雪覆盖的国家创造一个知识天堂,一个远离欧洲中心的学习中心,她花了大量的钱为她宏伟的图书馆收集藏书。她像托勒密一样收集书籍,但不同的是,她也召集书的作者们。当1644年与皮埃尔·查努特(Pierre Chanut)见面并成为朋友后,笛卡儿的命运就被决定了。第二年,查努特被派往瑞典担任法国国王的公使。在瑞典,他向朋友们鼓吹和赞扬白雪女王。克里斯蒂娜同意查努特的意见,认为笛卡儿是第一批可以召集的作者。她派了一位上将去法国说服笛卡儿前来。她向笛卡儿承诺了他心中所愿:为他建造一所学院,他将成为统领者,并在瑞典最温暖的地区建造一所房子(回想起来,这是没有多大可能的)。笛卡儿犹豫不决,但最终接受了邀请。他没有像现在这样点击weather.com来了解天气,但他十分了解等待他的是怎样的气候和怎样的人。在他离开的前一天,笛卡儿写下了遗嘱。

1649年,迎接笛卡儿的是瑞典历史上最严酷的冬天之一。他本可以整天躺在厚厚的毯子下,温暖舒适,不受严寒的影响,思考宇宙的本质,但很快他就被粗暴地唤醒了。每天早上5点,他被传唤到克里斯蒂娜的宫廷,给克里斯蒂娜上5小时的道德和伦理课。笛卡儿在给一位朋友的信中写道:"在我看来,人们的思想在冬天就像水一样冻结在这里。"

那年1月,他的朋友查努特因肺炎病倒了。笛卡儿帮助他恢复了健康,但在此期间,他自己也染上了疾病。笛卡儿的医生不在身边,所以克里斯蒂娜派了另一位医生,他正好是公开宣布与笛卡儿为敌的人,导致很多瑞典宫廷的官员对笛卡儿既憎恨又嫉妒。笛卡儿拒绝接受这个人的治疗，在任何情况下，他都不可能因此而疗愈 —— 因为医生的处方是让笛卡儿流血。笛卡儿的发烧状况持续恶化。接下来的一周左右，他饱受精神错乱之苦。期间，他谈到了死亡和哲学。他口述了一封信给他的兄弟们，要求他们照顾童年时期照顾过他的保姆。几个小时后，1650年2月11日，笛卡儿去世了。

他被安葬在瑞典。1663年，沃提乌斯攻击笛卡儿的目标终于实现了：教会将笛卡儿的著作列为禁书。但教会力量逐渐衰减，在许多圈子里，禁书这一行为反倒增加了笛卡儿的声望。法国政府要求将笛卡儿的遗骸归还给本国，1666年，经过多方请求，瑞典政府派船运回了笛卡儿的遗骨。当然，只是大部分遗骨：他们留存了笛卡儿的头颅。笛卡儿的遗骸被搬了好几次。今天，人们为遗骨建了一个标志建筑物 —— 位于圣日耳曼德佩（Saint-Germain-des-Pres）的一个小型纪念石碑。但少了笛卡儿的头骨，[45]他的头骨最终于1822年被送回法国。今天，人们可以在巴黎的人类博物馆（Musee del' Homme）的玻璃箱子里看到它。

在笛卡儿去世4年之后，克里斯蒂娜放弃了王位，皈依天主教，她认为这是笛卡儿和查努特启蒙的结果。她最终定居在罗马，也许从笛卡儿的事例中学到要定居在气候温暖一点的地方。

第三章

高斯的故事

平行的线能在空间中相交吗？拿破仑最喜爱的奇才让欧几里得遇到了滑铁卢。这是自希腊人以来最伟大的几何学革命。

13. 弯曲空间的革命

欧几里得的目标是建立与空间几何学相对应的数学结构。因此，从他的几何学中推导出的空间的性质与希腊人所理解的空间性质是一致的。但是空间是否真的具有欧几里得描述的结构，并能够像笛卡儿那样量化？还有其他可能性吗？

如果知道他的《几何原本》将在2000年内保持神圣地位，不知道欧几里得是否会高兴得扬起眉毛。但正如软件行业的人所说，2000年对于发展第2版本是一段十分漫长的时间。在那段时间里，许多领域都有了巨大变化：我们发现了太阳系的结构；获得了航行的能力，并绘制了全世界的地图；我们在早餐时不再喝稀释的葡萄酒。那时，西方世界的数学家们已经对欧几里得的第五公设——平行公设，普遍感到不满。唉，人们其实并不反感其内容，只是觉得它应该作为一个假设而不是一个定理。

几个世纪以来，那些试图证明平行公设是一个定理的数学家们，已经接近发现奇异而全新的空间类型，但他们都被一个简单的信念拦住了：他们以为，平行公设是空间的真实性质。

只有一个人，一个15岁的男孩，名叫卡尔·弗里德里希·高斯（Carl Friedrich Gauss）。就像后来发生的那样，他成为拿破仑的英雄之一。这位年轻天才在1792年的新认识让一颗全新的革命种子播撒开来。与之前的改进不同，它不是对欧几里得理论的变革和改进，而是一个全新的运作系统。不久后，那个被人们忽视了几个世纪的、奇特而令人兴奋的空间就这样被发现和描述出来了。

随着弯曲空间的发现，一个问题自然形成了：我们的空间是欧氏空间，还是这些弯曲空间中的一个？这个问题最终使物理学发生革命性的改变，数学也被逼入了进退两难的境地。如果欧几里得体系不仅仅是简单地把真实空间的结构抽象化，那么，欧几里得几何究竟在描述什么？如果平行公设可以被质疑，那么欧几里得体系的其他部分呢？在弯曲空间发现不久，所有欧几里得几何都被推翻了，然后——令人惊讶的是，数学领域的这一部分也被推翻了。当谬误的尘埃被清除干净后，不仅是空间理论，整个物理学和数学的发展也都进入了一个新的时期。

要理解找出欧几里得几何的矛盾之处并超越它有多么困难，我们必须知道他对空间的描述方式在历史上有多么根深蒂固。在欧几里得自己所处的时代，他的《几何原本》是一部经典书目。欧几里得不仅定义了数学的本质，而且他的书是逻辑性思想的典范，在教育和自然哲学中发挥了中心作用，也是中世纪的人们心智复兴时期的一项重要工作。它是1454年印刷术发明后生产的第一批书之一[1]，从1533年到18世纪，它是所有希腊作品中唯一一本以原始语言形式存在的书。直到19世纪，每一件建筑作品，每一幅画作，科学上的每一个理论和每一个方程，都内在地包含了欧几里得几何学。《几何原本》毫无疑问拥有如此伟大的地位。欧几里得把我们的空间直觉变成了抽象的逻辑理论，便于我们进行推断。也许最重要的是，我们必须把这一切归功于他曾堂而皇之地直接写出他的假设，而且从不声称他所证明的定理比他那些未经证实的假设更符合逻辑推理。正如我们在第一部分中所讲到的，其中一个公设，平行公设，几乎让每一位研究欧几里得的学

者都感到惊讶，因为它不像欧几里得的其他公设那样简单直观。回忆它的定义：

假设一条线段横跨两条线，在同一条边的内角之和小于两个直角，那么两条线最终会相交（在线段的那一边）。

欧几里得并没有使用平行公设来证明他最初的28个定理。到那时，他已经证明了平行公设的反面，并且有了比"公理"一词更好的陈述方式，类似于"一个三角形的任何两边长度相加必然大于第三边的长度"这样的基本事实。那么，为什么当时他还需要引进这样一个晦涩难懂的，技术性很强的假设呢？他是在去世前才写了那一章吗？

2000多年来，人类代代延续，国界不断变化，政治体系兴盛又衰亡，地球已经绕着太阳转了约1万亿英里，可思想家们仍然致力于研究欧几里得几何学，他们偶像的理论没有任何问题，只有一个微小的质疑点：讨厌的平行公设不能被证明吗？

14. 托勒密的麻烦

历史上第一次尝试证明平行公设的人是2世纪时的托勒密[2]，他的推理十分复杂，但本质上，方法很简单：他把平行公设换成另一种形式的假设，然后从它推导出公设最初的形式。我们应该怎么看待托勒密的方法？他是否生活在一个思想自由的地方？我们可以想象，他和他的朋友们竞赛："尤里卡！我找到了一种新的证明方式：这是个循环论证。"数学家是不会把同一错误犯两次的。他们会一遍又一遍地犯。因为事实证明，一些看起来毫不相关的假设，有些不用说都显而易见，但最终被证明是另一种形式的平行公设。平行公设与欧几里得理论的其他部分的联系微妙而深刻。在托勒密之后的几百年里，普罗克洛斯·迪多科斯（Proclus Diadochus）做出了下一个值得注意的尝试，彻底证明了平行公设。5世纪时普罗克洛斯在亚历山大接受教育，后来搬到了雅典，在那里他成为柏拉图学院的院长。普罗克洛斯花了很长时间分析欧几里得的工作。他有机会读到那些早已从地球上消失的书籍，比如欧德摩斯（Eudemus）写的《几何学历史》。这是欧几里得几何学在那个时代的版本。普罗克洛斯写了一篇关于《几何原本》第一卷的评论，这一卷是古希腊大部分几何学知识的来源。

为了理解普罗克洛斯的论证，做三件事是很有用的：首先，用先前给出的平行公设的替代形式，即普莱费尔（Playfair）的公理。第二，把普罗克洛斯的论证变得不那么专业。第三，把论证从希腊语翻译成我们懂的语言。普莱费尔公理具有如下形式：

过直线外一点可以作一条且仅一条直线与已知直线平行。

在当今世界，大多数人都觉得地图标识街道比那些用抽象符号（比如α或λ）标记的线条更容易理解。普罗克洛斯的论证也是如此，因此我们将其放在与生活相联系的背景中，比如，想象一下纽约市的第五大道。接下来，想象另一条平行于第五大道的大道，我们称之为第六大道。记住，根据欧几里得的说法，"平行"的意思就是"不相交"，所以我们的假设是第五大道与第六大道不相交。

坐落于第六大道，位于咖啡摊贩和热狗摊之上，有一座受人景仰的建筑物，它是唯一一个拥有最高质量书籍的出版商，自由出版社（巧合的是，也是这本书的出版商）。不是有意贬低，在这个例子中，自由出版社将扮演"直线外一点"的角色。

现在，按照数学传统，记住以上规定就是关于这些大道的所有假设。尽管为了说明得形象一点，我们在头脑中有特定的附加路径，但是作为数学家，在证明中除了明确说明的性质外，不能使用附加路径的任何性质。如果你碰巧知道一家落选的出版商（至少对于这本书而言），权且叫它"随机书屋"（Random House）也在一条街上，与第五大道和第六大道有一定距离，或者在某个角落里住着一个流口水的精神病人，把这些想法都从你的头脑中除去。数学证明只能使用已明

确假定的事实,欧几里得的《几何原本》中没有提到纽约市的任何性质。事实上,这是一种不合理的假设,你可能会毫不犹豫地得出以下结论:普罗克洛斯的论证是错误的。

用我们刚才的背景,现在可以把普莱费尔公理写成如下形式:

给定第五大道和位于第六大道上的名叫自由出版社的出版商,有且仅有一条大道,比如第六大道,与第五大道平行。

这一陈述并不与普莱费尔公理完全等价。因为就像普罗克洛斯一样,我们已经假设了至少存在一条线路或者说大道(第六大道),平行于给定的大道(第五大道)。这一点必须要证明,但普罗克洛斯用欧几里得的一条定理来保证它是对的。我们现在就接受这个观点,看看经过普罗克洛斯的论证之后,我们能否用上面的形式来证明普莱费尔公理。

为了证明一个假设,也就是说,为了使假设成为一个定理,我们必须证明,任何一条经过自由出版社的道路(除了第六大道以外)都必须与第五大道相交。从我们的日常经验看来,这是显而易见的,这就是为什么这样一条路被称为交叉路。我们所要做的就是在不使用平行公设的情况下证明这个假设。从想象第三条道路开始,这条路的唯一假设是它是笔直的,并且经过自由出版商。我们把那条路叫百老汇大街。

在普罗克洛斯的证明方法中,他从自由出版社开始,沿着百老汇大街走。想象有一条道路从普罗克莱斯恰好站着的地方开始向第六大道延伸,并垂直于第六大道,把这条新道路叫尼古拉街。有关设置展示于下一页的图中。

尼古拉街、百老汇大街和第六大道构成一个直角三角形。当普罗克洛斯沿着百老汇大街向前走的时候,这个直角三角形就会变得越来越大。最终，三角形的两边，包括尼古拉街，会变得你希望有多长就有多长。特别是，尼古拉街的长度最终会超过第五大道和第六大道之间的距离（seperation）。因此，普罗克洛斯会说，百老汇大街必然与第五大道相交，假设得证。

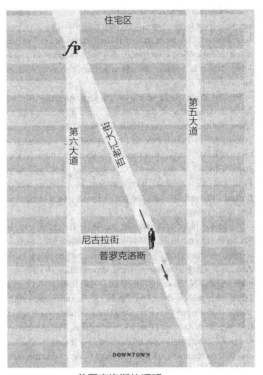

普罗克洛斯的证明

这个论证十分简单，却是错的。一方面，他误用了"越来越长"这一概念。尼古拉街也有可能变得更长，但不会超过一个街区的长度，就像数列1/2，2/3，3/4，5/6……一样，越来越大，但永远不会大于1。这一错误可以修正。最大的错误是，普罗克洛斯像托勒密一样引入了一个未经证明的假设。他利用了直觉上感知的平行道路的性质，但没有证明它。他具体引入了哪些假设呢？

普罗克洛斯的错误在于使用了"第五大道和第六大道的距离"。回

想之前的警告，"…… 如果你碰巧知道 …… 有一定距离，把这些想法都从你的头脑中除去。"尽管普罗克洛斯没有说明距离是什么，但他断言两者之间的距离是恒定的。这是我们对平行线的经验，以及对现实中第五和第六大道的经验，但如果不用平行公设，它就不能在数学上被证明：而证明等同于假设本身。

类似的观点也阻碍了9世纪伟大的巴格达学者塔比特·伊本·奎拉（Thabit ibn Qurrah）的研究。[3]按照塔比特的推断，想象塔比特沿着第五大道直线行走，他手上有一把垂直于第五大道和纽约大道一个街区长边的测量尺。当塔比特沿第五大道行走时，他测量尺的另一端将走出怎样的路径？塔比特断言该路径是一条直线，比如第六大道。有了这个假设，塔比特又继续"证明"了平行公设。在测量尺的一端所走的路径当然是某种曲线，但是我们可以断言它是一条直线吗？事实证明，这种权威性断言，你也能猜出来 —— 就是平行公设。只有在欧几里得空间，与一条直线等距的点构成的才是一条直线。塔比特同样犯了托勒密的错误。

塔比特的分析涉及空间概念中的深层次问题。欧几里得的几何体系取决于如何移动和叠加图形。这是人们判断全等、等价关系，或者几何形状的标准。假设你想移动一个三角形。要做到这一点，一个很自然的方法是移动它的三条边，每一条边都是一条直线的一部分，保持长度不变，按照相同的方向移动它们。但是，如果与一条直线等距的点集不能组成一条直线，这意味着，移位的三角形的边将不会是直线，随着三角形的移动，这个图形会变得扭曲。空间是否真的有这个属性？不幸的是，塔比特并没有按照这个推理方向，进入另一个奇妙世界，而是把三角形可能扭曲的阴霾用"证明"来解释，即他关于边的等距假设一定是正当的。

在塔比特后不久，伊斯兰教对科学的支持程度开始减少。在有些地区，甚至有学者抱怨说，他住的地方，杀死数学家被列为合法的。（这可能不是因为人们鄙视书呆子，而是由于数学家有研究占星术的习惯。纵观历史，人们往往将其与黑魔法相联系，认为这是危险的，而不像今天这样有趣。)

在基督教历法中，在塔比特和他的追随者的几何作品复苏之前，反对数学家的时长几乎翻了一倍。事情发生在1663年，英国数学家约翰·沃利斯（John Wallis）在演讲中引用纳西尔·埃德丁·图西（Nasir Eddin al-Tusi）的话，他是塔比特的继承者之一。

沃利斯于1616年出生在肯特郡的阿什福德。15岁时，他看到他的哥哥正在读一本关于算术的书，他对这个领域很感兴趣。他继续在剑桥大学伊曼纽尔学院学习神学，1640年被任命为牧师，但他仍然致力于数学研究。当时正值英国内战，国王查理一世和英格兰议会之间因宗教问题斗争不断。沃利斯精于密码学，擅长破译信息，并运用他的技术来帮助国会议员。有人说，正因为此，1649年他被授予牛津大学的萨维尔几何学教授，而前任彼得·特纳（Peter Turner）因他的保皇主义观点被解职。无论出于什么原因，对于牛津大学来说，这是一次很好的换届。

特纳除了是坎特伯雷大主教的密友之外没有其他成就，他与所有政治正确的圈子保持思想一致，但从未发表过一篇数学论文。沃利斯成为前牛顿时代的英国数学家，对牛顿本人也有重要影响。今天，即使是非数学家，尤其是那些拥有某一品牌豪华汽车的人，也熟悉他的一部分工作：他引入了无穷大符号 ∞ 。

沃利斯对欧几里得几何学的改革理念是，用一种直观明显的方式取代欧几里得令人讨厌的平行公设，可以写成如下形式：

给定任何三角形的某一边，当把三角形放大或缩小时，被选择的一边可以有任意长度，但三角形的角度不会改变。

例如，如果你有一个三角形，三个角都为60度，边长是一个单

位长度，接着，假设存在另一个三角形，角度也都为60度，但边长可以任意选择，比如10，10，10，或者1/10，1/10，1/10，或者10000，10000，10000。这样的三角形，边长或大或小，但都成比例，且对应的三个角度都相等，称为相似三角形。如果假设沃利斯公理是对的，忽视一些可以克服的技术细节，就可以很容易地证明平行公设，[4]和普罗克洛斯的推理方法很类似。沃利斯的"证明"从未得到数学家们的认可，因为他做的所有事情就是把一个公设换成另外一个。但是，把沃利斯的推理反过来看，将得出一个惊人的结论：如果存在平行公设不成立的空间，那么该空间中没有相似三角形。

谁在乎呢？麻烦在于，三角形处处都是。把一个矩形沿着对角线切割就得到两个三角形。把手放在臀部上，你弯曲的手臂和身体的一侧也形成一个三角形。事实上，虽然每个人的身体有不同，但你的身体和大多数物体，都可以被建模为近似三角形的格子：这是计算机三维图像的原理。如果相似三角形不存在，那么我们日常生活中的许多假设将不成立。在服装目录里找到一件可爱的套装，人们会假设寄来的衣服会与图片吻合，尽管实物可能是图片的几十倍大小。乘坐最喜欢的航空公司的飞机，你会相信，该飞机的机翼虽然好像是巨型喷气式飞机的机翼按比例缩小的模型制造的，但前者有着与后者同样的良好性能。请一位建筑师为你的房子加几间房，你会希望房间能与图纸相匹配。但在非欧氏空间中，这一切都不成立。你的衣服，飞机，你的新卧室都会变形。

也许这种奇异的空间在数学上是存在的，但是真实的空间有这些属性吗？难道我们还未注意到吗？也许没有。如果你的笑容有10%的偏差，你妈妈可能会注意到你的变化，但绝对注意不到0.0000000001%的差别。非欧氏空间在图形十分小时才近似于欧氏空间——而我们生活在宇宙中一个相对较小的角落。就像量子理论那样，物理定律只有在远比我们日常生活更小的世界中，才以奇异的新形式出现，弯曲空间也可能存在。不过，在我们星球正常生活的尺度上，我们无法注意到这种差异。然而，就像量子理论一样，曲率对物理理论的影响是巨大的。

　　到18世纪末，如果数学家们以不同的眼光看待他们的发现，他们本可以得出结论，非欧氏空间是可能存在的，并且若真的存在，那么非欧氏空间将有一些非常奇特的性质。相反，数学家们只是因不能证明这些奇异的性质会导致某种矛盾而感到沮丧，因此依然支持欧几里得空间。

　　接下来的50年发生了一场秘密革命。在一些国家，新型的空间逐渐被发现。直到19世纪中叶，学者们研究了德国格丁根刚去世的一位老人的论文，才知道非欧几里得空间的秘密。而那时，大多数发现非欧氏空间的人，和这位老人一样，都去世了。

15. 拿破仑式的英雄

　　在1855年2月23日的哥廷根，[5]一位因欧几里得而深陷攻击的老人躺在冰冷的床上，十分衰弱，只为每一次呼吸而战斗。他虚弱的心脏几乎不能泵血，他的肺里充满了液体。他的怀表滴答滴答地记录着在地球上所剩无几的时间。它停止了。几乎在同一时刻，老人的心脏也停止了。这是一种象征性的描述手法，通常只有小说家才使用。

　　几天后，老人被葬在他母亲未带标志的墓旁。他死后，人们发现他的房子里藏满了大量的钱，这些钱藏在书桌、橱柜、桌子上。他的房子很简朴，书房里只有一张小桌子、一张书桌和一张沙发，房间只能被一线光束照亮。小卧室没有暖气。

　　在他一生的大部分时间里[6]，他都是一个不快乐的人，几乎没有亲密的朋友，也不太悲观。几十年的时间都在大学教书，但他认为这是"一项繁重的、令人难以满足的事业"。[7]他认为"如果没有神，这个世界可能毫无意义"，[8]但他无法说服自己成为一个信徒。他赢得了许多荣誉，但对于这些荣誉，他写道，他的悲伤是喜悦的百倍之多。[9]他是

反对欧几里得革命中的中心人物，但他从不希望将自己暴露出来。对于数学学者来说，无论当时还是现在，这个人与阿基米德以及牛顿一道，是世界历史上最伟大的数学家之一。

卡尔·弗里德里希·高斯（Carl Friedrich Gauss）于1777年4月30日出生在德国布伦瑞克，那一天是牛顿去世50周年。他来自一个没落城市的穷苦街区，这座城市距离最繁华的时期已有150年。他的父母按德国的说法是"半公民"的平民阶级，母亲多萝西娅是一个文盲，当过女佣。父亲格布哈德（Gebhard）做过各式各样卑微的工作，从挖沟渠和砌砖到为当地殡葬业记账。

给诸位一个警示：有时人们说一个人"工作勤奋、诚实"，并不是一个好迹象。你会感觉到自己在等待另一只意外的鞋子掉下来。刚才给读者预先提示过，接下来我们就可以确定地说：格布哈德·高斯是一个勤劳而诚实的人。

关于卡尔·高斯的童年有很多故事。他几乎可以在说话之前做算术。你可以在脑海之中想象出一幅画面：一个小孩指着路边小贩的食品摊，哀求他的母亲："我饿了！我想要！"然后，在母亲付钱之后他哭了，因为他不知道怎么说"他把你的钱多算了35美分。"显然，这与事实相差不远。高斯早期最著名的天才故事发生在一个周六，当时高斯已经3岁了。他的父亲正在为一群工人发每周的工资。计算过程花了一段时间，格布哈德不知道他的儿子正在看着这一切。假设格布哈德有一个心智普通的儿子，两到三岁，比如叫尼古拉吧。在这一刻，一般会发生的事情是，尼古拉看着父亲在计算，扔下玻璃奶瓶，几乎一口气喊道"对不起"，接着是"我想要更多牛奶"。不同的是，卡尔看着父亲在计算，说了一些这样的话，"你加错了，应该是……"

格布哈德和多萝西娅都没有对这个小孩进行过任何额外训练；事实上，根本没有人教过卡尔算术。对大多数人来说，这就好像发现尼古拉凌晨两点笔直地坐在床上，用古阿芝特克语说着话，仿佛被附体了一般，如果不是被撒旦附体，也应该是一个至少10岁的孩子。但对卡尔的父母而言，这类场景他们已经很习惯了。到那时，小卡尔已经自己学会了阅读。

不幸的是，格布哈德培养儿子天资的方法，并不是雇佣一个私人教师，把他送到蒙特梭利学校。这是可以理解的，因为他家境贫穷，而且玛丽亚·蒙特梭利（Maria Montessori）在上个世纪还没有出生[①]。尽管如此，格布哈德可能还是找到了一些鼓励儿子接受教育的方法。不同的是，他给卡尔分配每周的任务，检查他的工资单，有时还把他拉出来逗他的朋友们，仿佛搞一种"孩子的畸形秀"。小卡尔视力很差，有时看不清父亲在石板上写的数字，因为他太害羞，不敢说什么，只是坐在那里接受失败。不久，格布哈德派卡尔在下午工作，用亚麻纺纱来补充家庭收入。

接下来几年，高斯公开表示对他的父亲不屑一顾，称他"专横、粗野、不文雅"。[10]幸运的是，卡尔的家人中有两个人十分支持他，并珍视他的天赋：他的母亲和他的舅舅约翰，也就是多萝西娅的哥哥。当格布哈德不那么重视儿子的天赋，认为正规的教育毫无意义时，多萝西娅和约翰选择相信卡尔，并处处努力地抵抗格布哈德的反对。从他出生的那一刻起，卡尔就成了多萝西娅的骄傲和欢乐源泉。几年后，卡尔带着他的一个上大学的朋友沃尔夫冈·伯里亚（Wolfgang Bolyai）来到他简陋的家，尽管伯里亚离富人还有一定距离，但碰巧是一个匈牙利贵族。多萝西娅把卡尔的朋友拉到一边，以一种看起来仍然很时髦的方式，问卡尔是否真的像每个人说的那样聪明，如果有的话，会引领他去往何方。伯里亚回答说，卡尔注定要成为欧洲最伟大的数学家。多萝西娅激动得大哭起来。

卡尔在7岁的时候进入了他的第一所学校 —— 一所当地的文法学

---

① 玛利亚·蒙特梭利（1870—1952）意大利幼儿教育家，意大利第一位女医生，意大利第一位女医学博士，女权主义者，蒙特梭利教育法的创始人。——译者注。

校就读。这所学校与笛卡儿八岁进入拉夫赖士（La Fleche）的耶稣会学校十分不同。相反，高斯上的第一所学校可以用"肮脏的监狱"到"地狱之洞"之间的词语来描述。"肮脏的监狱""地狱之洞"学校是由一个叫比特纳（Buettner）的"监狱长""恶魔"一样的校长管理，他的名字在德语中的意思很明显，是"照我说的做，否则我揍你"。在学校的第三年，卡尔终于被允许学习他在两岁时就能做的算术。

在算术课上，比特纳喜欢通过让学生们累加大量的数来激发他们对数学的兴趣，其中一些数长达100多个数字。比特纳显然觉得自己不值得做这样的娱乐题目，所以他总是布置给学生大量的数，而他可以轻松地用各种各样的公式算出，但这些公式他从没有和蔼地与学生在课堂上分享。

一天，比特纳让学生把数从1加到100。布特纳一讲完问题，他最年轻的学生卡尔就把石板翻转给出答案。过了一个小时，其他人才算完。当比特纳对石板进行仔细检查时，他发现卡尔是全班50人中唯一一个算对的，并且石板上没有留下任何计算的迹象。很明显，卡尔发现了求和公式，用心算给出了答案。

可以推测出，高斯发现如果不把单个数相加，而是把1到100的数两两相加，那么累加过程可以这样重新安排：把100和1相加，99和2相加，98和3相加，以此类推。最后可得到50项数，每一项都等于101，所以从1到100的所有整数的和一定是100的一半乘以101，即5050。这是毕达哥拉斯学派已经知晓的一个特殊公式。事实上，这是他们的秘密社团所使用的密码：数字1到任意数的总和等于最后一个数的一半乘以这个数加1。

比特纳吓了一跳。他很快就把鞭子抽在落后者身上，他也是欣赏天才的人。高斯后来在大学里教数学，从未鞭打过学生，但他对天才的欣赏和对天资愚钝学生的蔑视，似乎是比特纳传递给他的。几年后，卡尔会对一个班的三类学生感到厌恶，他写道："一类学生准备得太少，另一类准备得不够多，第三类学生既缺乏准备也缺少天赋。"[11]他对这三类学生的评价代表了他对教学的普遍态度。就学生而言，他的大部分学生都对他当老师的能力同样不屑一顾。

比特纳用自己的钱从汉堡购得最前沿的算术教科书。也许这让卡尔终于找到了他迫切需要的导师，卡尔很快地读完了这本书。不幸的是，这本书没能挑战到他。在这一点上，比特纳不仅是一位数学家，也是一位技艺高超的演说家，他说："我不能再教他了。"于是他放弃了，大概这样他就能再次专注于鞭笞那些不那么有天赋的学生，因为他们开始感到被忽视了。

但是比特纳并没有完全置卡尔的天赋于不顾。他把卡尔交给才华横溢的17岁助理约翰·巴特尔斯（Johann Bartels），让他看看能做些什么。当时，约翰有一项很吸引人的工作，那就是做羽毛笔，然后教比特纳的学生如何使用它们。比特纳知道巴特尔斯也对数学很有热情。不久，这两个九岁和十七岁的孩子一起学习，改进课本里的证明，互相帮助发现新的数学概念。几年过去了，高斯成为一个少年。任何有过青少年时期的孩子、认识一个青少年，或者经历过青少年时期的人，都知道这个时期意味着许多麻烦。对高斯而言，唯一的问题在于为谁制造麻烦？

今天，做一名叛逆的青少年可能意味着和舌头上都戴着钻石纽扣的女孩一起过夜。而在高斯的年代，把身体刺穿的人可能已经被留在战场上，反抗更多地来自"内在"层面。当时德国的大型知识分子运动被称为Sturm und Drang，即"风暴和压力"。

任何时候，德国的社会运动都能很好地利用"风暴"（storm）这个词，必须要小心，这个词是由歌德和席勒（而不是希特勒和希姆莱）发明的。它宣扬对个体天赋的崇拜和对既定规则的反抗。虽然高斯通常不被认为是知识运动的追随者，但他是一个天才，他按照自己的方式行事：他不反对他的父母或政治体系；他反对欧几里得。

12岁时，高斯开始批评欧几里得的《几何原本》。和其他人一样，他把注意力集中在平行公设上，但他的批判新潮而奇异。与之前的所有人不同，高斯试图寻找一种形式，既不是一种更容易接受的假设形式，也不需要通过别的假设来证明它。相反，他质疑平行公设是否真的有效。高斯在思考，有没有可能，空间实际上是弯曲的？

到15岁时，高斯成为历史上第一位接受欧几里得平行公设不成立时，几何学依然在逻辑上自洽的数学家。当然，他还远远不能证明或者创造出这样的几何学。尽管高斯有天赋，但在15岁的时候，他仍然有成为另一个只会挖坑的人的危险。幸运眷顾了高斯和科学的发展，他的朋友巴特尔斯认识一个人，他又认识另一个人，这个人又认识一个叫费迪南德（Ferdinand）的人，此人是不伦瑞克的公爵。

通过巴特尔斯，费迪南德听说了这个有数学天赋的前途无量的年轻人。公爵提出愿意支付他大学期间的账单。这样一来，卡尔的父亲成为他唯一的绊脚石。格布哈德·高斯似乎相信，仅有的办法就是继续前进，深入研究下去。在此，多萝西娅没有读过任何一本她儿子想学的书，但依然表态了。她支持儿子上大学，从而卡尔被允许接受上学资助。15岁时，他进入了当地的大学预科学校，大致相当于一所高中。1795年，18岁的他进入了哥廷根大学。

公爵和高斯最后成了好朋友。甚至在大学毕业后，公爵也继续支持他。高斯肯定知道这种情况不会永远持续下去。有传言说，公爵的慷慨解囊让他的财富流失速度远超过他的收益，而且不管怎样，公爵都已经六十多岁了，他的继承人可能没有那么大方。然而，接下来的十几年是高斯的思想最为深刻的时期。

1804年，他爱上了一个善良而快乐的年轻女人约翰娜·奥斯提夫（Johanna Osthoff）。他被她迷住了。高斯原本在生活中经常会显得傲慢自大，因为她而变得谦虚而自我贬低。他给他的朋友伯里亚写信[12]：

三天来，那个天使，这个星球上的天仙，已经是我的未婚妻了。我非常的快乐。

　　她具有这样的特性：有着安静而虔诚的灵魂，没有一滴苦味或酸味。哦，她比我好多了。

　　我从来没有期盼过这样的幸福；我不漂亮，也不勇敢，除了一颗充满爱的真诚的心，我没有什么可奉献的；我甚至对寻找爱情感到绝望。

　　卡尔和约翰娜在1805年结婚。第二年他们生了一个男孩，约瑟夫（Joseph），1808年，女儿明娜（Minna）降生了。但幸福并没有持续。

　　1806年的秋天，并非疾病，而是在一场抗击拿破仑的战役中，一颗步枪的子弹夺走了公爵的生命。高斯只能站在哥廷根大学的窗户边，看着一辆马车载着他那受致命伤的朋友和恩人离开。具有讽刺意味的是，因为高斯的在场，拿破仑后来没有毁灭这座城市，他评论说：“所有时代最重要的数学家都住在那里。”

　　公爵的去世自然带来了高斯家庭的经济困难。事实证明，这还只是困难的开头。在接下来的几年里，高斯的父亲和支持他的舅舅约翰都去世了。接着，在1809年，约翰娜生下了他们的第三个孩子路易斯（Louis）。明娜出生时生活已经很艰难，但路易斯的出生让约翰娜和孩子都得了重病。一个月后，约翰娜去世了。不久之后，他们的新生儿也夭折了。在短短的一段时间里，高斯的生活经受了一重又一重悲剧。而且还没有结束：明娜也命中注定在很小的时候死去。

　　高斯很快再婚，然后又生了3个孩子。但对他来说，约翰娜死后，生活似乎再也没有给他带来多少欢乐。他给伯里亚的信中写道[13]：“在我的生命中，我确实赢得了很多世上的荣誉。但相信我，我亲爱的朋友，悲剧像一条红缎带一样，在我的生活中编织着。”

　　在1927年去世前不久，高斯的一个孙子在祖父的报纸上找到了一封信，上面带着泪痕。他的祖父写道：

寂寞，让我偷偷看着身边的快乐人群。如果有那么几分钟，它们让我忘记了我的悲伤，那么接下来悲伤会以双倍的力量回来。即使是明亮的天空也使我更悲伤。

16. 攻克第五公设

高斯本不会是有史以来最伟大的数学家之一，因为他对数学的许多领域并没有很深的影响。然而，他有时被认为是一个过渡性人物，限制了从牛顿开始的发展，而不是为后代奠定基础。其实他在空间几何学方面的研究并不是这样的：他的工作最终让数学家和物理学家们忙碌了一个世纪。只有一件事阻碍了他的革命性发展。他把工作保密。

当高斯于1795年来到哥廷根的时候，他对平行公设产生了浓厚的兴趣。

作为业余爱好之一，高斯的老师亚伯拉罕·卡斯特纳（Abraham Kaestner）收集了关于这个公设的历史文献。卡斯特纳甚至有一个学生，格奥尔格·克鲁格（Georg Kluegel），在论文中分析了28次证明平行公设的失败尝试。然而，无论卡斯特纳还是其他人都不愿意接受高斯的猜想：公设可能不成立。卡斯特纳甚至说，只有疯子才会怀疑平行公设的有效性。高斯把想法自己留着，尽管事实证明，他在一本科学杂志上发表了他的想法，直到他死后43年才被发现。在随后的生活中，高斯对涉猎写作的卡斯特纳不予理睬，[14]视其为"诗人中的顶尖数学家和数学家中的顶尖诗人"。

1813年至1816年，作为哥廷根大学数学天文学的教授，高斯终于取得了自欧几里得以来一直在等待出现的决定性突破：他在一个全新的非欧空间里发展了和三角形各部分有关的方程，该结构在今天被称为双曲几何学。到1824年，高斯已经构建了一套完整的理论。在那一年的11月6日，高斯写信给T.A.托里努斯[15]——他是一位在数学上涉猎很深的律师，"假设三角形的三个角之和小于180度，就会产生一个特殊的几何形状，与我们现有的（即，欧氏的）三角形有很大不同，但理论上十分自洽，我对自己已经发展出的理论相当满意。"

高斯从来没有公开过这封信，并且坚持要求托里努斯和其他人不要把这个发现公开。为什么？不是因为害怕教会，而是害怕教会的残余势力，那些世俗的哲学家。

在高斯生活的时代，科学和哲学并没有完全分离。物理学还不叫"物理"，叫"自然哲学"。虽然科学推断不再受到死亡的惩罚，但从信仰或简单的直觉中产生想法通常被认为是同样有效的。有一种时尚让高斯觉得很好笑，称为"桌上敲击"。一群聪明的人围着桌子坐着，双手放在桌子上。大约半个小时后，大概是他们感到无聊了，桌子就会开始移动或转动。人们认为这是来自死者的精神信息。至于食尸鬼究竟发出了什么信息人们是不清楚的，尽管有一个明显的结论是，死人喜欢把他们的桌子放置离墙远的地方。有一次，整个海德堡法律学院的职工在桌子穿过房间的时候，持续跟了一段时间。可以想象，一群满脸胡须、身穿黑色西装的法学家一边踱步一边努力将手放在他们指定的地点，利用动物的磁性来让桌子运动，而不是靠推动。这一行为对高斯所生活的世界来说是合理的；但人们不认可欧几里得这一点却不太合理。

高斯看到过太多的学者卷入浪费时间的争执中，很少有人冒险沉入自己的世界。例如，高斯很尊敬沃利斯（Wallis）的工作，但他与英国哲学家托马斯·霍布斯（Thomas Hobbes）[16]就在计算一个圆形区域的最佳方法上发生了激烈的争执。霍布斯和沃利斯公开侮辱对方持续了20年之久，这使得他们花了很多宝贵的时间来写小册子，比如《沃利斯博士的荒诞几何符号》《沃利斯博士的乡村语言》，等等。

1804年去世的哲学家伊曼纽尔·康德（Immanuel Kant），他的追随者是高斯最害怕的。[17]身形上，康德是哲学家中的土鲁兹·罗特

列克 ①，他只有5英尺高，有着严重畸形的胸脯。1740年，他作为一名神学学生进入哥尼斯堡大学，但发现自己对数学和物理学情有独钟。毕业后，他开始出版哲学著作，并成为一名私人教师和受欢迎的讲师。1770年左右，他开始创作他最有名的著作《纯粹理性批判》（*Critique of Pure Reason*），出版于1781年。康德指出，今天的几何学家们把常识和图形诉诸于"证明"，他认为应该抛弃那些严谨的东西，代替以直觉。[18]高斯的观点正相反[19]——他认为严谨是必要的，而大多数数学家都未能完全做到这一点。

在《纯粹理性批判》中，康德将欧几里得空间称为"思想的必然需要"。[20]高斯并没有把康德的作品完全否定。他先读了，然后置之不理。事实上，高斯据说读过五次《纯粹理性批判》，试图理解它，这就好比大多数人在雅典菜单上找到 Χωριάτικη Σαλάτα 将十分费力，[21]而对于一个学过俄语和希腊语的人来说要轻松很多。当你考虑在康德的书中找到写作的清晰性时，高斯的努力会变得更容易理解。比如下面这段话，写了关于分析判断和综合判断的区别：[22]

在一切判断中，从主词与谓词的关系来考虑（我在这里只考虑肯定判断，因为随后应用在否定判断上是很容易的事），这种关系可能有两种不同的类型，要么是谓词B属于主词A，是（隐蔽地）包含在A这个概念中的东西；要么是B完全外在于概念A，虽然它与概念A有连结。在前一种情况下我把这判断叫作分析的，在第二种情况下则称为综合的。

如今，数学家和物理学家对哲学家如何看待他们的理论感到担忧。著名的美国物理学家理查德·费曼（Richard Feynman）在被问及他对哲学领域的看法时，[23]给出了一个简洁的回答，包括两个字母，一个是"b"，另一个是通常用来构成复数的字母。但是高斯认真看待康德的作品。他写道，上述分析和综合理论之间的区别"是这样的一种

---

① 土鲁兹·罗特列克，印象派画家，断了两条腿。——译者注

理论，要么淹没在无尽的细节中，要么是错误的"。然而，他不会把这些想法公之于众，就像他的非欧空间理论一样，只告诉那些他信任的人。尽管高斯没有发表他在1815年到1824年的突破性工作，但在这个让人惊奇的历史转折点中，几乎在同一时间，和他有某些联系的另外两个人却发表了。

1823年11月23日，约翰·鲍耶（Johann Bolyai），高斯长年的好友沃尔夫冈·鲍耶之子，给他的父亲写信说他"从一无所有中创造了一个全新的、不同的世界"，[24]意指他发现了非欧空间。同一年，在苏联的喀山市，尼古拉·伊万诺维奇·罗巴切夫斯基（Nikolay Ivanovich Lobachevsky）在一本未发表的几何学教科书中探索了不满足平行公设能推出的结论。罗巴切夫斯基曾被约翰·巴特尔斯（Johann Bartels）辅导过，当时他是喀山的一名教授。沃尔夫冈·伯里亚和巴特尔斯都对非欧几里得空间长期感兴趣，在高斯讨论自己的想法时，他们也参与了。

这是巧合吗？天才高斯发现了一个伟大的理论，并乐于与朋友讨论，但拒绝发表。此后不久，他的朋友和朋友的亲戚们声称他们也有过同样伟大的发现。这足以用一首歌来形容罗巴切夫斯基，[25]歌词像是一种归罪："抄袭吧，让他人的工作无法逃开你的眼睛……"（Plagiarize, let no one else's work evade your eyes）但是今天大多数历史学家认为让高斯的工作能流传下去的精神更重要，至少在当时，伯里亚和罗巴切夫斯基不知道对方的努力方向。

不幸的是，除此之外没有其他人做这件事了。数学家的典型特质是说话晦涩难懂，当他们说话时，无人聆听。罗巴切夫斯基出版他的作品并没有什么用处，只发表在一本鲜为人知的叫《喀山导报》（*Kazan Messenger*）的俄语期刊上。而鲍耶的结果被放在他父亲的书的附录里。大约14年后，高斯偶然间看到罗巴切夫斯基的文章，而沃尔夫冈也写了他儿子的工作，但高斯不打算公开他们的作品，也不愿把自己置于争议的中心。他写了一封很好的祝贺信（提到他自己也已

经发现了类似的结果），并慷慨地提名罗巴切夫斯基为哥廷根皇家科学院的一名成员（他很快于1842年当选）。

约翰·鲍耶从未出版过其他的数学著作，[26]而罗巴切夫斯基成为一名成功的行政官，并最终成为喀山大学的校长。如果不是因为与高斯的联系，鲍耶和罗巴切夫斯基可能早已消失在人海中。讽刺的是，高斯的去世才最终促成了非欧几里得革命。

高斯一丝不苟地记录着他周围的事物。他喜欢收集一些奇怪的数据，[27]比如已故朋友的生命长度，以天为单位，或者是从他工作的天文台到他喜欢去的各种地方需要走的步数。他还记录了他的工作。他去世后，学者们仔细研读他的笔记和书信。在那里，他们发现了他对非欧几里得空间的研究，以及鲍耶和罗巴切夫斯基的工作。1867年，鲍耶和罗巴切夫斯基的文章都被收入理查德·巴尔策（Richard Baltzer）具有影响力的《数学基础》（*Elemente der Mathematik*）的第二版中，很快成为研究新几何学的人们的标准参考书。

1868年，意大利数学家欧金尼奥·贝尔特拉米（Eugenio Beltrami）彻底终结了证明平行公设的问题：他证明了，如果欧几里得几何能构成一个自洽的数学结构，那么，最新发现的非欧几里得空间也一定如此。欧几里得几何本身是自洽的吗？我们将会看到，这一点从未被证明过，也从未被证伪过。

17. 迷失在双曲空间中

什么是非欧几里得空间？高斯、鲍耶和罗巴切夫斯基发现的空间，双曲空间，是用对任意一条直线，过直线外任意一点，都不只有一条，而是有许多条直线与之平行的假设，来代替平行公设。高斯给托里努斯写道，其中一个结果就是，三角形内角和总是小于180度，高斯称之为角度亏数（angular defect）。另一个被沃利斯推翻的是，不存在相似三角形。这二者是相关的，因为角度亏数程度随三角形的大小而变化。较大的三角形有较大的角度亏数，较小的三角形则更接近欧氏几何。在双曲空间中，欧几里得形式是可接近但不可达到的，比如光速，或者你的理想体重。

虽然只是一个简单公理的微小变化，但平行公设的改变就像产生了通过欧几里得所有定理的波浪，改变了每一个与空间形状有关的东西。就好像高斯把欧几里得的玻璃窗户移走，代之以扭曲的透镜。

高斯、鲍耶和罗巴切夫斯基都没有发现任何简单的方法来可视化这种新型空间。这是由欧金尼奥·贝尔特拉米，以及，简单说是由数学家、物理学家、哲学家、未来法国总统雷蒙德·庞加莱（Raymond Poincare）的堂兄亨利·庞加莱（Henri Poincare）完成的。然而，亨利在庞加莱家族中并不是那么有名，但是，和他的堂弟一样，亨利同样能言善道。"数学家是天生的，不是培养出来的。"[28]庞加莱写道。这种陈词滥调于是就诞生了，亨利保护了自己受欢迎的地位。学术圈外不太为人所知的是亨利在19世纪80年代的工作，他给双曲空间定义了具体模型。[29]

在构造模型时，庞加莱用具体的实体取代了像直线和平面这样的术语，然后用新术语解释了双曲几何的公理。可以接受的是，将未定义的空间术语解释为曲线或表面，甚至是食物，只要它们能从明确定义好且自洽的公设中推导出含义。我们可以将非欧几里得平面建模为斑马的表皮，如果我们想要的话，可以把它的毛囊叫做点，把它的条纹叫做线，只要它能从公理推导出相容的翻译。例如，回想一下欧几里得的第一个公设并把它用在斑马空间上：

1.任意两个毛囊必可用一段条纹首尾连接。

该假设在斑马空间中并不适用：斑马的条纹有厚度，而且只沿着同一方向。如果两个毛囊在条纹上处于同一位置的，但在横向上错开一段距离，则它们不是任何条纹的端点。庞加莱的模型里没有斑马，

但模型确实类似于可丽饼。

下面展示庞加莱的宇宙是如何运作的：无限的平面被一个有限的圆盘所取代，就像一个可丽饼，但却无限薄，并带有完美的圆形边界。"点"是自笛卡儿以来人们通常认为是点的东西；位置，像细白糖的点。庞加莱的线就像弯曲的棕色网格。用更技术性的语言来说，它们是"任一圆形的弧线，以直角相交于圆盘的边界。"[30]为了将这些线与我们直观的线区分开来，我们称之为"庞加莱线"。

在形成这张物理图像后，庞加莱必须赋予这些几何概念以意义。一个至关重要的因素是全等（congruence），即欧几里得让人厌恶的形状相同概念，通过叠加图形来检查。作为他的第四个"普遍概念"，欧几里得写道：

4. 相近重合的东西是全等的。

正如我们先前看到的，只有当我们在欧几里得形式的平行公设成立的条件下，才能保证移动图形时没有扭曲。所以使用普遍概念4作为全等的标准，在非欧几里得空间中是不可行的。庞加莱的解决方法是通过定义一长度和角度的测量法来解释全等。如果两个图形的边长和其间的夹角重合，那么它们全等。看起来显而易见，对吧？但事情并没有那么简单。

定义角度的测量很简单。庞加莱定义了两条庞加莱线之间的夹角，即它们在交点处的切线的夹角。为了得到长度或距离的定义，庞加莱必须更加努力。你可能已经预料到这个概念有点问题，因为他把无限的平面塞进了有限的区域。例如，回忆公设2：

2. 直线可以沿任何一端任意延长。

显然，利用通常的距离定义，这个假设在可丽饼上是不成立的。

但庞加莱重新定义了距离,使空间在接近宇宙边缘时被压缩,有效地将有限区域变成了无限空间。这听起来很简单,但庞加莱不能随意简单地重新定义距离。为了让它合理,定义必须满足许多要求。例如,两点之间的距离必须大于零。同样,庞加莱必须选择精确的数学形式让庞加莱线成为两点之间的最短路径(称为测地线)的连接线,就像欧几里得空间点之间的最短路径那样的线。

如果你检查了定义双曲空间所需的所有基本几何概念,你会发现庞加莱的模型对每一个概念都有一致的解释。我们可以验证其他概念,但最有趣的是著名的平行公设。平行公设的双曲版本,下面给出了庞加莱模型的普莱费尔形式:

给定一条庞加莱线和一个不在该线上的点,存在很多其他的庞加莱线穿过该点且不与给定的庞加莱线相交。

下一页的图说明了这样做是可能的。

庞加莱的双曲空间模型是一个实验室。它让我们很容易地看到一些不寻常的定理和性质,而这是数学家之前花了很大力气才发现的。

例如,假设我们尝试绘制一个矩形,它不存在于非欧几里得空间中。首先,画一条庞加莱基线。然后,在基线的同一侧,画出两条垂直于它的线段。最后,用另一条线段将这两条线段连接起来,就像基线一样,同时垂直于两条线。但这是不可能的,在庞加莱的世界里没有长方形。

庞加莱用这些做了什么?有人可能会想象,巴黎大学(University of Paris)的几个戴眼镜的数学家,在关于庞加莱模型的研讨会之后,礼貌地称赞了自作聪明的亨利。也许讲座后邀请他去喝酒或者吃可丽饼,这样他们就可以用果酱在上面画一个长方形。但为何人们在一个世纪后还要写一本书讲述他的故事,又或者,作为一名聪明而忙碌的

读者你，有很多别的事要做，为什么却要来读这个故事呢？

　　妙在这里：庞加莱模型不仅仅是双曲空间的模型，它就是双曲空间（在二维空间中）。用数学的语言说，这意味着数学家已经证明了所有关于双曲平面的可能的数学描述都是同构的（isomorphic）——用数学家的方式说它们是一样的。如果我们的空间是双曲空间，其行为就和庞加莱的模型完全一样（除了在三维空间中）。套用一句迪士尼的歌词，这毕竟只是一张小小的可丽饼。

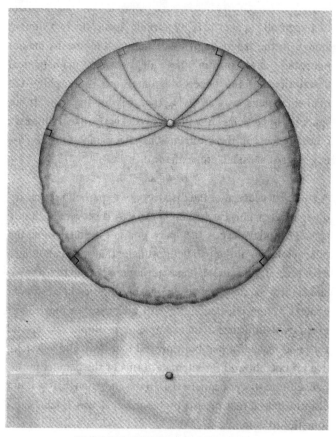

双曲空间和欧几里得空间中的平行线

在发现双曲空间的几十年后，另一种非欧几里得空间被发现出来了：椭圆空间。椭圆空间是假设违背平行公设的另一种形式构造出来的：没有平行线存在（也就是说，平面上的所有直线都必须相交）。这类空间的二维情形被希腊人所知和研究，甚至高斯也有研究，但他们并没有意识到它是椭圆空间的一种特殊情形。而且有充分的理由证明，在欧几里得的系统中，即使让平行公设的替代形式成立，椭圆空间也不能存在。[31] 最后要说明的是，并不是椭圆空间，而是欧几里得的公理体系证明了其自身问题所在。

18. 那些名为人类的昆虫们

从 1816 年开始的十多年，[32] 高斯花了很长时间在远离家乡的地方，花了很多力气指导对德国地区的勘测，今天我们把这种行为叫大地测量（geodetic survey）。勘测的重点是测量城市和其他地标之间的距离，并把这些数据整合到地图上。这个工作并不像看起来那么简单，有几个原因。

高斯必须克服的第一个困难是测量仪器的范围有限。正因为如此，直线必须由较短的部分构成，每一段都有一定程度的随机测量误差。这些误差很快就能累加起来。高斯没有以正常研究人员的方式，比如本书的作者的方式来解决这个问题——首先，他会拉扯自己的头发，偶尔还会咬一咬他的孩子；第二，在某些微小而渐进的问题上取得进展；第三，公布结果，把结果表达得尽可能重要。相反，高斯发明了现代概率和统计的中心概念——关于随机误差分布在平均值周围的钟形曲线上的理论。

把误差问题抛在脑后，高斯面对的挑战是，要把海拔高度和地球曲率的变化所得到的三维数据拼凑成一张二维地图。难点在于，地球表面与欧几里得平面并不相同。这位数学家所面对的困境，就好比那些曾经试图用扁平的礼物包装纸包装圆球的父母所面对的难题。作为父母，如果你克服了困难，把纸切成小方块，然后把它们拍在球上，

那么除去技术细节，你就像高斯一样解决了这个问题。高斯于1827年将这些细节发表在一篇论文中。今天，关于这个问题发展出了一整块数学领域，一个叫做微分几何的领域。

微分几何是关于曲面的理论，该曲面由笛卡儿发明的坐标方法描述，并用微分运算来分析。这听起来像是一个适用范围狭窄的理论，适用于咖啡杯、飞机机翼或鼻子，但不适用于描述宇宙的结构。高斯有其他想法。在他的论文中，他做了两个关键的实现。首先，他声称曲面自身就是一个空间。比如，我们可以认为地球表面是一个空间，这在我们日常生活中，确实扮演了这样的角色，当时航空旅行的时代还没有到来。这可能不是布莱克（Blake）在写"一沙一世界"时想到的那种东西，但这诗歌与数学描述相符。

高斯构建的另一个突破性观念是，一个给定空间的曲率可以单独在该表面上进行研究，而不用参考它是否被更大的空间包含。从技术上讲，曲面的几何学可以在不参考更高维欧氏空间的情况下进行研究。一个空间可以"弯曲"，但不能弯曲成任何东西。在爱因斯坦的广义相对论中，这一概念后来被证明是必要的。毕竟，我们不能走出我们的宇宙，来凝视这有限的三维空间，只有这样的定理才能有希望定出我们自己空间的曲率。

为了理解如何在没有用内嵌空间的情况下探测到我们空间的曲率，想象阿列克谢和尼古拉现在是二维生物，严格限制在地球表面所在的空间。他们的经历与我们有怎样的不同？除了不能飞机旅行，不能攀登珠穆朗玛峰，而且他们的奥运跳高记录将是零？

以跳高记录为例。这不仅仅是阿列克谢无法离开地面，对他来说，脱离地面的概念是不存在的。我们三维空间的生物没有理由不感到优越。此时此刻，在一个四维空间的晚宴上，一些有趣的灵魂很可能正一边啜饮玛格丽塔酒一边"向下"凝视着我们，沉思着我们的局限。

就像一群爬行的昆虫，我们很遗憾对"跳上"他们的四维空间毫无概念。

说阿列克谢和尼古拉无法攀登珠穆朗玛峰也需要澄清。它们当然可以到达地球的顶部，那是地球表面的一部分。但他们不会有提升（elevation）的概念。当阿列克谢离开山脚下，走向顶峰时，我们所知道的重力将会以一种神秘的力量将他推向山脚 —— 就好像山峰上有某种奇怪的排斥力。这一神秘力的出现，带来了空间几何的扭曲。例如，对任一包含了一整座山的三角形，它就像包含了一块很大的区域。我们可以理解这一点，是因为山的表面积比它的占地面积大，但对阿列克谢和尼古拉来说，这代表着一种空间的扭曲。

阿列克谢和尼古拉无法想象，棍子直立在沙滩上，而外层空间的太阳光能在上面投射出阴影。一艘在地平线上消失的船将均匀消失，不会有船体和桅杆的先后顺序。所有古人暗示我们的星球是圆的的迹象都将会消失，他们所知道的只是距离和空间点之间的关系。没有关于第三维空间的线索，欧几里得自己也许会得出结论 —— 空间是非欧几里得的。想象在这个世界上，有一个叫非欧几里得（Noneuclid）的古代学者。她坐在学院办公室里思考得出了和欧几里得同样的结论。但在她发表她的《几何原本》时，她想考查一下她的理论是否适合墙外的世界 —— 适合大尺度结构的空间几何学。她的研究生阿列克谢从图书馆给她带了一张地图。下图是地图展示的内容。

地图上展示的是纬度为0度，东经9度的加蓬首都利伯维尔，位于一个直角三角形的顶点处。北上12度大概是尼日利亚的卡诺，往东24度是乌干达的坎帕拉，你可以找到三角形的底边。欧几里得几何的一个基本定理是勾股定理。非欧几里得要求阿列克谢做一些计算来检查。阿列克谢报告道：

底边长的平方和：3444500
斜边的平方：3404025

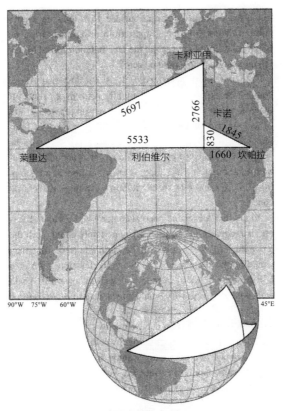

球面上的三角形

在看到这些数据的时候，非欧几里得对阿列克谢的马虎大意咆哮。然而，在计算过程中，非欧几里得发现阿列克谢是对的。现在，非欧几里得采用了理论物理学家的下一道防线 —— 她将这种差异归因于实验误差。她把她的另一个学生尼古拉送到图书馆去寻找更多的数据。尼古拉带回了甚至更大的三角形，由利伯维尔，位于北纬30度的意大利的卡利亚里和位于西经71度的哥伦比亚的莱里达组成。这个三角形也在地图上展示出来。尼古拉发现：

底边长的平方和：38264845

斜边的平方：32455809

非欧几里得并不满意。这差别甚至更大了。为什么她的同事，非毕达哥拉斯（Nonpythagoras）会犯错呢？为何非欧几里得测量了几十个三角形却从未注意到任何问题？阿列克谢测量的是很小的三角形；而这些是大三角形。尼古拉注意到，三角形越大，差别越大。他假设所有先前研究的三角形，在小实验室或者在小镇周围测量的三角形，它们是如此之小以至于偏差没有被人注意到。

非欧几里得决定赠款给阿列克谢和尼古拉去纽约考察。从那里开始，北纬45度40分、西经74度00分的地方，她指示阿列克谢走10分钟（沿着西经），这让他来到了大概在纽瓦克市中心的位置。尼古拉走10分钟（沿着北纬），到新泽西的新米尔福德。准确地说，这三点构成了一个直角三角形，边长分别是：纽约到纽瓦克，8.73英里；纽约到新米尔福德，11.53英里；新米尔福德到纽瓦克，14.46英里。

非欧几里得检查勾股定理：

底边长的平方和：209
斜边（纽瓦克到新米尔福德）的平方：209

对于足够小的三角形，勾股定理是有效的。当非欧几何的苗头在她的脑海中出现时，非欧几里得送她的学生们进行了最后一次远行。

这一次，阿列克谢和尼古拉将在纽约和马德里之间航行，在北纬40度、西经4度，几乎是在纽约以东的地方。这不仅仅是一次航行，而是多次往返于两座城市之间，每次都走稍微不同的路线，每一次都测量路径的精确长度。他们的搜寻，就像哥伦布一样，是为了寻找测地线，或者说最短路线。这是持续数年的工作，但最终的出版会引起轰动。

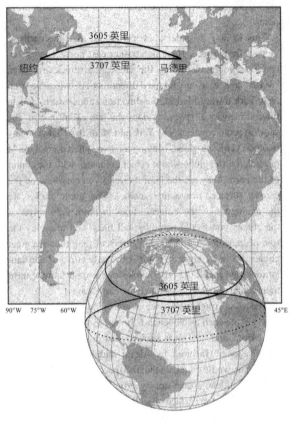

纽约—马德里

从纽约到马德里的最短路线，是沿着他们共同的纬度，沿着"直线"向东航行吗？不是。相反，它是沿着这条奇怪的曲线，像地图上显示的那样，首先向东北方向移动，然后逐渐转南，直到你往东南方向前进。这和一个不受阻力的保龄球滚动，或者一种特别有天分的鸟，[33]像美国欧金（斑）鸻和腿毛直立的麻鹬的迁徙路线相同。这也是二维埃及绳子延展的路径，当沿着标记把绳子从一点到另一点拉紧。

如果你把地球想象成从太空观看，就很容易理解直接向东走是行不通的。

因为当你沿着地球旅行的时候，"北方"和"东方"的方向并不是固定的方向。当你从纽约向马德里移动时，叫做"东方"的方向在三维空间里旋转，叫做"北方"的方向也是如此。纽约和马德里之间，或者地球上任意两点之间的最短路线，是沿着称为大圆的曲线（地球上的一个圆，其中心正好与地球的中心重合，它们是地球上能画的最大的圆，因此而得名）。在庞加莱的宇宙中，大圈可以类比为庞加莱线，可以将这些曲线很自然地称为线，它们在欧几里得公理中具有重要作用。经线都是大圆。赤道也是，但它是唯一纬度不变的大圆（所有其他的等纬度圈的中心都在地球的轴线上）。

来自外层空间人的观点与非欧几里得这样的土著人的观点不同。对她来说，没有"地球中心"的概念，而高斯也表明没有"外层空间"是可能的。受阿列克谢和尼古拉的测量启发，她会得出这样的结论：她生活的空间是一个非欧几里得的空间；不是双曲空间，而是一种适合球体表面的空间：椭圆空间。

在非欧几里得的空间里，所有的直线、大圆都相交。

三角形的内角和都大于180度（在双曲空间中内角和小于180度）。例如，一个由赤道和两条连接赤道到北极的经线所形成的三角形，内角和将为270度。就像在双曲空间里一样，该空间在距离较短时接近欧几里得空间，这就是为什么人们花了这么长时间才注意到偏差。当三角形变小时，原来大于180度的内角和也将缩小。

椭圆空间的几何形状 —— 称为球面几何 —— 甚至在古代就十分有名。众所周知，大圆都是测地线。人们研究了球面三角形的几何公式，并应用于地图制作。但椭圆空间并不符合欧几里得的范式，而发现"地球是一个椭圆空间"留给了高斯的一个学生乔治·弗里德里希·伯恩哈德·黎曼（Georg Friedrich Bernhard Riemann）。它是在高斯智力渐衰的时间里发现的，但这一发现比任何其他的发现都更能推动弯曲空间的革命。

19.两个外星人的传说

乔治·黎曼[34]于1826年出生在高斯的出生地附近一个叫布雷塞伦茨（Breselenz）的小村庄。他有5个兄弟姐妹，大多在年轻时就去世了，仿佛注定了他不寻常的命运。他的母亲在他长大之前就去世了。他的父亲是路德教会的牧师，他10岁之前在家接受父亲的教育。他最喜欢的科目是历史，特别是波兰的民族运动。如果说小乔治听起来不像喜欢参加聚会，那么他确实不是。事实上，他生性害羞而谦虚。但也十分有才气。在有关高斯和黎曼的证据中，一个阴谋论者可能会说，19世纪初，一波优越的外星种族在德国汉诺威附近形成了一个殖民地，并在该地区存放了至少两个天才幼儿居住于贫困家庭。虽然关于黎曼，没有类似高斯这样的幼儿天才的故事，但黎曼似乎也太聪明了，绝不是我们普通人中的一员。

黎曼19岁的时候，他学校里的主任，一个叫施马尔富斯（Schmalfuss）的人，给了他一些东西翻看：阿德里安·玛丽·勒让德（Adrien-Marie Legendre）[35]的《数论》（*Theorie des numbers*）。这本书里的数学仿佛是借给黎曼的杠铃，让年轻的黎曼站在巨人的肩膀上创造了世界纪录。这本书多达859页，大开本，小号字，写满抽象的理论。这就像是特殊材料做成的杠铃，只有冠军才搬得动，还需要大量的汗水和疲劳的咕哝声。但对黎曼来说，这是一本轻量级的书，一本引人入胜的书，显然不需要大费精力。他在6天的时间里归还了这本书，并发表评论，说"这是一本好书"。

几个月后，老师考察他对其内容的掌握程度，他得了高分。之后他依然将自己最基本的贡献归功于数论。

1846年，还是19岁的黎曼，入学哥廷根大学，当时高斯是一名教授。黎曼最初是一个神学院的学生，也许这样他可以为受压迫的波兰人祈祷。他很快就转向了他的最初所爱，数学。在柏林停留短暂的一段时间后，黎曼于1849年回到哥廷根完成了他的博士学位，他的论文于1851年提交，审稿人包括了当时的传奇人物高斯，他对学生也是传奇般地严格。

虽然这篇数学论文给高斯留下了罕见深刻印象，但他对黎曼的工作评价仍遵循着大家熟悉的模式。高斯写道，黎曼的文章[36]证明他是"一个有创造力，有活力，真正有数学头脑的人"。

他还说，自己以前也做过类似的工作，但没有发表过。（高斯去世后，对他的检查表明他的说法是正确的）黎曼很高兴。到1853年，黎曼已经27岁了，正处在哥廷根竞争讲师职位的漫长过程的最后一段。在当时的德国，这样的大学职位并没有像今天一样有适当的工资。它没有任何薪水。对我们许多人来说，这是一个缺点。而对黎曼来说，这是一个令人垂涎的职位，是教授职位的垫脚石。学生们还会给小费。

黎曼的最后一关是做一次试讲。他提交给教员们可以选择的三个主题。教员们的惯例是选择申请人的第一个题目。只是以防万一，黎曼对他的第一个和第二个题目都有充分的准备。高斯一声大笑，选择了黎曼的第三个题目。

对于他的第三个选择，黎曼一定是选择了他感兴趣但所知甚少的题目。大多数学院在面试时，如果他们的研究是关于卢森堡的政治话题，就不会建议面试者在面试讨论会上讨论斯里兰卡的爬行动物，即使这是他们的第三个选题。当时高斯重病在身，医生告诉他死亡即将来临，他选择了黎曼的第三个主题。黎曼一定问过自己："我之前在想什么？"他所列的主题是"几何学的基础假设"（On the Hypotheses Which Lie at the Foundations of Geometry）。他选择的这个主题十分接近高斯毕生都最关心的问题。

可以想象黎曼下一步会做什么——他花了几个星期的时间终于有了一些突破，他盯着墙壁思考，压力大到麻木。最后，当春天来临时，他振作起来，在7周的时间里苦心准备了一场演讲，并在1854年

6月10日做了报告。事实证明，这是历史上为数不多的几次能为后代保留下来的记录了具体日期和细节的工作面试。

黎曼的演讲是以微分几何为背景的，着重在一个表面无穷小的小区域的性质上，而不关注它的全部几何特征。事实上，黎曼从来没有提到过非欧几里得几何的名字。但他的工作依然暗示很明显：黎曼解释了怎样用二维椭圆空间来描述一个球体。

像庞加莱一样，黎曼对术语点（point）、线（line）、面（plane）也给出了自己的解释。他选择了球体的表面作为面。像庞加莱一样，他的点就是位置，用笛卡儿的方式表示成对的数字或坐标（本质上是指经纬度）。黎曼用大圆表示线，是球面上的测地线。

就像庞加莱的模型一样，黎曼的模型也必须承认对这些假设的解释需要一致。现在也许是该回忆一下，椭圆空间已被证明不存在。当然，黎曼的模型确实有一些小问题。他的模型是创建一个基于另一版本平行公设的空间；黎曼的空间也与其他公设不一致。例如，对于公设2，欧几里得写道：

2.任何线段可以在任意方向无限延伸。

球面上的大圆线段能满足这一点吗？在黎曼之前，公设2意味着任意长度的线段是存在的。但是一个大圆的长度是有限的，其周长是2π乘以球体的半径。

即使是在数学方面，违反这些公设也需要付出代价。在这里，黎曼是罗莎·帕克斯，[①] 拒绝坐在公共汽车后面，质疑那些不公正的事情。他认为第二个公设是必要的，不是为了让线段任意长，而是为了

---

① 罗莎·帕克斯是美国黑人民权行动主义者，美国国会后来称她为"现代民权运动之母"。——译者注

保证直线没有边界，这对于大圆是成立的。数学方面的最高法院是数学家社团，他们也对这个问题十分挠头。年轻的黎曼对数学法则的新解释意味着什么呢？它与其他法则一致吗？可以把它变得一致吗？

实际上，矛盾并没有因为公设2的存在而终结。黎曼关于直线的概念导致了其他问题，而对此黎曼没有给出任何解释。例如，大圆违背了两条线只能相交于一点的假设。就像在南北两极相交的经度线，所有的大圆都相交于球体两端的两个点。

关于中间（inbetweenness）的概念也变得难以理解。欧几里得关于中间的概念是基于公设1的：

1. 任意两点必可用直线连接。

为了在两个给定的点之间产生一个点，欧几里得会画出连接这两个点的线段。在此线段上的任何点（除端点之外）都被认为是"介于两点之间"。黎曼模型的问题在于，总是有两种方法可以将一对点沿着一个圆连接起来。印度尼西亚在赤道区域的非洲和赤道区域的南美洲之间吗？要知道这一点，你得沿着赤道上连接两大洲的线行走，检查它是否经过印尼。但在黎曼的模型中，你可以通过向东或向西的方式从南美洲到达非洲。一条路线穿过印度尼西亚，另一条则没有。

由于这种模糊性，只要是在球体上，所有欧几里得的证明中涉及连接点之间的线段的定义都变得不清晰。这导致了一些奇怪的后果，例如，想象黎曼的球体半径为40英里，而不是地球的4000英里。在晴朗的日子里，你可能朝前看就会看到你的身后。你的背部在你的身后还是你的前方？或者以呼拉圈为例，它的半径大约是1米。在你的腰上转动呼拉圈，请问，自己是否在里面？看起来肯定如此。现在想象一下，把呼拉圈扩大，使其膨胀到跑道的大小，大约一英里宽。和普通呼拉圈相比确实很大，但与黎曼球40英里的半径相比仍然很小。站在中间，你仍然感到安全，宣称你在呼拉圈里。现在将呼拉圈延伸到

半径40英里。它像赤道一样环绕着这个星球，突然间，无论你认为自己是在圈内还是在外面，似乎都可以。继续增加呼拉圈的半径，亦即，将它的一圈环远离你，那么呼拉圈实际上是缩小（shrinks）了。最终，它看起来和你开始的时候一样——半径为一米，以你的世界为中心。但你似乎在外面。你怎么能仅仅通过扩大呼拉圈而从里面变到外面呢？随着"中间"概念的消亡，前、后、内、外也不再是简单的概念。这些都是朴素的椭圆空间里的悖论。

消除这些困境需要对许多概念进行仔细的重新定义。像往常一样，高斯已经预见到了这一点。他曾在1832年写信给沃尔夫冈·伯里亚，"诸如'中间'这样的词的完整发展必须建立在清晰的概念之上，这是可以做到的，但我在任何地方都没有找到。"[37]他也没有从黎曼那里找到。但是，黎曼把注意力集中在表面上的小区域，我们所描述的整个球体的矛盾似乎既没有让他感到惊讶，也没有引起他的兴趣。尽管有这些公开的问题，黎曼的演讲依然被认为是数学界的伟大杰作之一。尽管如此，有了这些未了结的问题，它并没有立即像一个光子鱼雷那样照亮数学家的宇宙。在黎曼的演讲之后，高斯很快就去世了；黎曼继续专注于局部结构的问题，而不是大尺度的空间几何，在他的有生之年，他的工作没有产生很大的冲击力。

1857年，31岁的黎曼终于获得了助理教授的职位，薪水微薄，相当于每年300美元。依靠这些薪水，黎曼养活了自己和他幸存的三个兄弟姐妹，尽管最小的玛丽不久就去世了。1859年，高斯的继任者狄利克雷去世，黎曼被提升为高斯在位时的位置。3年后，在36岁的时候，他结婚了，第二年他有了一个小女儿。有了体面的薪水并开始组建一个家庭，黎曼的生活本应蒸蒸日上。但事实并非如此，他染上了胸膜炎，后来变成了肺结核。这让他像兄弟姐妹们一样早逝——逝世于39岁。

黎曼关于微分几何的研究成了爱因斯坦广义相对论的基石。如果黎曼不那么轻率地把几何学列为最重要的研究对象，或者高斯没有大胆地选择研究几何，那么爱因斯坦在物理学上的革命所需要的数学工具将不存在。但在剧变开始之前，黎曼对椭圆空间的研究对数学世界产生了同样深远的影响。除了平行公设，还改变其他的假设的需要，就仿佛在磨损着长绳上的一段。很快，绳子断了。数学家们才意识到，悬挂在绳子上的不仅仅是几何，还有所有的数学理论。

20．2000年后的整容手术

黎曼在1854年的演讲直到1868年才出版，这已经是他去世两年后，也是巴尔策的书推广了鲍耶和罗巴切夫斯基的工作之后一年。黎曼的研究逐渐表明，欧几里得犯了好几种错误：他做了许多不确定的假设；他做了其他没有正确表述的假设；他尝试定义了更多的可能性。

今天，我们在欧几里得的推理中看到了许多错误。对欧几里得的一种最不严厉的批评是他将公设与"公理"人为地划分开。更深层的一点是，今天我们寻求将我们所有的假设都进行公理化，仅仅基于"现实"或"常识"这样的真理。"这是一种相当现代的态度，是高斯对康德的胜利，也很难批评欧几里得没有做出这样的飞跃。"

欧几里得系统的另一个结构性问题是没有认识到未定义术语的必要性。在字典里，空间（space）定义为"无限的空间或地点，向各个方向延伸"。这个定义是否有意义，还是我们只是用模糊的术语地点（place）代替了我们的目标词空间（space）？如果我们觉得我们对地点（place）这个术语的理解不够，我们当然可以查一下，字典指出"地点"是"被某个特定物体占据的那一部分空间（space）"。地点（place）和空间（space）通常是相互定义的。

因为字典中的每一个单词都是用另一个单词来定义的，可能需要更长一段时间才能让每个术语定义都如此，但这终将成为必然。在有限的语言中避免循环论证的办法是，在字典里收入一些未定义的术语。如今我们认识到数学系统也必须包含未定义术语，并寻找最少的未定

义术语数目来让整个系统有意义。

　　未定义术语必须小心处理，因为如果在没有证明的情况下先入为主理解一个术语的含义，即便该含义的物理图像十分明显，我们也很容易被引入歧途。塔比特在使用直觉上"明显"的特性时犯了错，以为与一条直线在任何地方都等距的曲线也是一条直线。正如我们所看到的，在欧几里得的体系中，除了平行公设之外没有任何理论能保证这一点。当我们使用未定义术语时，我们必须忽略选择词语所带来的所有隐含意义。要改写伟大的哥廷根数学家大卫·希尔伯特（David Hilbert）的话就是，[38] "一个人总能够在所有时间谈论 —— 不是点、线和圆 —— 而是男人、女人和啤酒杯。"

　　未定义的术语并非长时间没有意义，它可以吸收应用它的假设和定理的定义。例如，假设，就像希尔伯特开玩笑的那样，我们将未定义的术语点、线和圆的名字改为男人、女人和啤酒杯。然后，从数学上来说，这些术语将从如下语句中获得意义，欧几里得的前三个公设：

　　1.任意两个男人必可用女人连接。

　　2.女人可以沿着任何一端方向任意延长。

　　3.给定一个男人，可以任一男人为圆心，任意长为半径画啤酒杯。

　　欧几里得在纯粹逻辑上犯了其他的错误，导致他使用未被证明正确的步骤来证明了一些定理。

　　例如，他的第一个命题声称可以在任何给定的线段上构造一个等边三角形。在他的证明中，他构造了两个圆，其圆心分别在线段的两端，每个圆的半径等于线段的长度。然后他利用两个圆相交的点。虽然画圆清楚地表明这个交叉点存在，但没有正式的论证来保证该点的存在性。事实上，他构建的体系缺乏能够确保直线或圆的连续性的假设，即确保它们之间没有空隙。他也没能认识到他在证明中经常用到其他假设，例如，点和线是存在的，并不是所有的点都共线，以及，每条直线都至少有两点。

在另一个证明中，他隐含假设了如果三个点在同一条线上，我们可以确定其中有一点在另外两点之间。他的公设或定义中没有任何一处证明了这一点。在现实中，这个假设实际上是一种平直度（straightness）的要求：它不允许直线变弯，因为这样的线可以形成一个闭环，像一个圆，然后就难以确定任何一个点在另外两个点之间。

对欧几里得证明的反对观点可能看起来太挑剔，其实是无辜的，显而易见没有明显结果的假设有时与一个主要的理论陈述是等价的。例如，仅仅假设一个三角形内角和为180度，就可以证明所有三角形的内角和为180度，也可以证明出平行公设。

1871年，普鲁士数学家费利克斯·克莱因（Felix Klein）展示了如何修正黎曼椭圆空间中的球面模型的明显矛盾，[39]并在此过程中改进欧几里得的理论。像贝尔特拉米和庞加莱这样的数学家很快就提出了关于几何学的新模型和新方法。

1894年，意大利逻辑学家朱塞佩·皮诺（Giuseppe Peano）[40]提出了一套新公理来定义欧几里得几何。1899年，希尔伯特在不知道皮诺的工作的情况下，给出了第一个版本的几何学公式，也是如今最为广泛接受的版本。[41]

希尔伯特完全致力于阐明几何学的基础（这后来也促成爱因斯坦广义相对论的发展）。他在1943年去世前多次修改公式的陈述方式。他的方法的第一步是将欧几里得未陈述的假设转换为明确的语句。希尔伯特的体系中，[42]至少在他1930年出版的第七版作品中，包含了8个未定义的术语，并把欧几里得的10个公理（包括普遍概念）增加到20个。希尔伯特的公理被分为4组，它们包括了未被欧几里得认识到的假设，比如我们已经提及的这些假设：

公理 I-3：*每条直线上至少有两个点。空间中至少存在3个点不在同一条直线上。*

公理 II-3：*给定直线上任意三个点，其中只有一个点可以位于另外两个点之间。*

希尔伯特和其他人都证明了欧几里得空间的性质满足这些公理。

弯曲空间的革命对数学的各个领域都产生了深远的影响。从欧几里得的时代一直到高斯和黎曼的工作在去世后被发现，数学在很大程度上是实用主义的。欧几里得的结构被用来描述物理空间，从某种意义上说，数学是一种物理学。数学理论的一致性问题看起来毫无意义 —— 证明就在物质世界里。但到了1900年，数学家们认为公理是任意的陈述，其基础仅仅用心理游戏即可检验。突然之间，数学空间被认为是抽象的逻辑结构。而物理空间的本质是一个独立的问题，一个物理问题，而不是数学问题。

对于数学家来说，现在出现了一种新的问题：证明他们结构的逻辑一致性。在最近几个世纪，计算机技术逐渐发展，证明的概念再次占据主导地位。欧几里得几何自洽吗？为了证明逻辑系统的一致性，最直接的方法是证明所有可能的定理，并证明它们之间没有矛盾。因为有无数个可能的定理，所以只适用于那些计划可以永生的人。希尔伯特尝试另一个策略。就像笛卡儿和黎曼一样，希尔伯特把空间上的点用数字表示。例如，在二维空间中，每个点对应一对实数。通过将分数转化为数字，希尔伯特能够将所有基本的几何概念和公理转化为算术运算。因此，任何几何定理的证明都可以从逻辑上转化成对坐标进行算术或代数操作。由于任何几何证明都在逻辑上与公理相符，算术解释也必须遵循算术形式的公理。如果几何上有任何矛盾，它就会转化成算术上的矛盾：如果算术上是一致的，那么希尔伯特对欧几里得几何（这最终也用在了非欧几何上）的重构也是一致的。

一清二楚是吗？底线是，尽管希尔伯特没有展示几何学的绝对一致性，但他确实展示了所谓的相对一致性。

由于所有可能的定理是无限多的，几何和计算的绝对一致性也因此扩展到整个数学领域的绝对一致性，这是一个更难的问题。为了达到这个目标，数学家们发明了一种关于数学对象的抽象理论，只处理数学对象最一般层面的问题，不涉及特定性质和与真实本质相关的细节。这个理论现在在大多数小学教学里都以一定形式呈现，它叫集合论。

然而，即使是简单的集合论也面临着复杂的悖论，比如这个著名的理论在 1908 年由库尔特·格雷林（Kurt Grelling）和伦纳德·内尔森（Leonard Nelson）在《弗里斯学派论文》（*Abhandlung der Friesschen Schule*）杂志上发表。格雷林和内尔森考虑了一些词。第一，所有描述词语本身的形容词。例如，"十二字母"（twelve-letter）这个词语，没错，它是一个包含 12 个字母的单词，而形容词"多音节"（polysyllabic）则是多音节的。与此相反的是所有不描述自己的形容词集，由于某些原因，像"写得很好"（well written）、"迷人"（fascinating）、"推荐给朋友"（recommendable-to-a-friend）这样的形容词会出现在脑海中（如果这本书中有一个应该被记住的句子，那就是这句话）。后一组词通常被称为异系的（heterological），可能是因为异系这个词是多音节的。

到目前为止都不错。但有一个问题：异系这个词是异系的吗？如果是，那么它就描述它自己，所以它不是异系的。如果不是，那么它就不描述自己，所以它是异系的。数学家将此称为悖论（paradox）；对非数学家而言，这只是熟悉的双输格局（lose-lose situation）（这也是数学家发明的术语，祝福他们）。

1903 年，为了将这个领域表达得更清晰，伯特兰·罗素（Bertrand Russell），不久后成为罗素勋爵（Lord Russell），在一本名为《数学

原理》（*Principles of Mathematics*）的书中提出，所有的数学都应该从逻辑中推导出来。他试图完成这一推导，或者至少展示如何做到这一点，他的同事，牛津大学的阿尔弗雷德·诺斯·怀特海（Alfred North Whitehead）于1910年到1913年将其出版成3卷的著作。大概是因为它比1903年的版本更加严肃，它取了拉丁标题为 *Principia Mathematica*。罗素和怀特海声称，已经将所有的数学缩减为一个包含基本公理的统一体系，所有的数学定理皆可从中证明，正如欧几里得曾尝试在几何学上做这样的工作。在他们的体系中，即使是最基本的实体（entities）也被认为是经验结构，必须由更深层、更基本的公理结构来证明。

希尔伯特是个怀疑论者。他挑战数学家，想要严格证明罗素和怀特海的计划是成功的。1931年库尔特·哥德尔（Kurt Godel）的令人震惊的定理很好地解决了该问题。[43] 他证明，在一个足够复杂的系统中，如数论，一定存在一个不能被证明或证伪的命题。哥德尔定理的一个推论是，必然存在一个不能被证明的真命题。这就打破了罗素和怀特海的主张 —— 不仅仅是因为他们没有展示出所有的数学定理是如何依逻辑推导出来的，实际上这也是不可能的！

数学家们继续在他们各自领域的基础上工作，但自从哥德尔改变了这一图景以来，没有任何进展。从欧几里得开始，至今还没有找出可以让大家普遍接受的方法将数学理论公理化。

与此同时，数学的力量在于，它不仅仅是一种精神游戏。这一点没有什么比爱因斯坦将新发明的数学空间应用到描述我们生活的空间上更明显的了。尽管几何学被彻底地改造了，但它仍然是我们理解宇宙的窗口。

第四章

爱因斯坦的故事

是什么导致了空间的弯曲？空间被赋予了一个新的维度，成为时空，这是20世纪的伟大壮举，并使一个专利局职员成为该世纪的英雄。

21.以光速进行的革命

高斯和黎曼展示了空间是可以弯曲的，并给出了描述它的数学形式。下一个问题是，我们生活在什么样的空间里？还有更深层次的探索：是什么决定了空间的形状？

这个答案，在1915年被爱因斯坦优美而精确地给出，实际上是在1854年首次提出的。黎曼自己用宽泛的语言写道：

> 几何学的有效性问题[1]……是与内含的度规（距离）与空间的关系问题相关的……我们必须在其之外寻找度规关系，寻找作用于其上的约束力……

是什么让问题相隔这么远又这么近？黎曼太超前了，以至于他无法将自己的见解发展出具体的理论，人们甚至连他的话都无法理解。尽管16年后，一位数学家确实注意到了这一点。

1870年2月21日，威廉·金顿·克利福德（William Kindon Clifford）向剑桥哲学学会提交了一篇题为《关于物质的空间理论》的论文。克利福德当时25岁，与爱因斯坦同龄，发表了他的第一

篇关于狭义相对论的文章。在他的论文中，克利福德大胆地宣布[2]：

> 事实上，我认为：(1) 空间的某一小部分可以类比为在平均平面上的小山丘。(2) 弯曲或扭曲的性质可以连续地经由波的形式，从一部分空间传递到另一部分。(3) 空间曲率的变化其实是物质运动时产生的现象。

克利福德的结论在特殊性上远远胜过黎曼。但他的理论并不引人注目，除了一件事：他是对的。物理学家们今天阅读这篇文章的反应是："他是怎么知道的？"爱因斯坦在经过多年的仔细推理后得出了类似的结论。克利福德甚至没有形成一个理论。然而，克利福德成功运用直觉得出了一些细节性的结论。他、黎曼和爱因斯坦都遵循了同样简单的数学思想：如果自由运动的物体在欧几里得空间的轨迹是直线，那么其他类型的运动是否有可能用非欧空间里的曲率来描述？最后，正是爱因斯坦的缜密推理，基于物理学而非数学，使他得以发展克利福德未能完成的理论。

克利福德狂热地研究理论，通常整夜工作，因为白天他在伦敦大学学院有繁重的教学和行政工作负担。但如果没有爱因斯坦对物理学的深刻理解，爱因斯坦就无法进入发展狭义相对论的中间阶段；如果没有时间概念参与其中，那么克利福德就几乎没有机会把他的想法发展成一套可行的理论。数学已经超前于物理学 —— 这是一种困难的境地，让人想起我们即将看到的弦论在今天的发展状态。克利福德的研究收效甚微。他于1876年去世，享年33岁，有人说他是因为过度劳累。[3]

有一个问题是，克利福德发现自己正领导着一场游行。在物理学的世界里，天空晴朗而明亮，几乎没有人认为有理由花时间去攻击那些没有坍塌迹象的定律。200多年来，似乎宇宙中的每一事件都可用牛顿力学来解释，该理论基于艾萨克·牛顿的思想。在牛顿看来，空间是"绝对的"，是一个固定的、上帝赋予的框架，用于放置笛卡儿坐标。物体运动的路径是由一组数描述的一条直线或其他曲线，这些数是标记空间路径的坐标。时间的作用是"参数化"（paramatrize）路径，这是数学家的行话，意指"告诉你正沿着哪里走"。例如，如果阿列克谢走在第五大道，从第42街开始，以每分钟一个街区的速度，那么他的位置就是第五大道和第（42加分钟数）大道。只要确定他走了多少分钟，你就可以确定他在沿着哪条路径走。

有了这种对时间和空间的理解，牛顿定律预测了像阿列克谢这样的物体是怎样运动的，以及它为什么运动——定律将他的位置作为时间参数的函数。（当然，这假定他是一个没有生命的物体，只有在某些时候是正确的；我们可以给他带上随身听耳机。）根据牛顿理论，阿列克谢将继续保持一致的动作——在一条直线上，以恒定速度——除非受到外力的作用，比如受到拐角处一家电子游戏厅的吸引。或者，考虑到这种吸引力，牛顿定律预测了阿列克谢的路径将与匀速运动有怎样的不同。你可以从数量上准确地描述他将如何移动，只要给定他的惯性质量和外力的强度和方向。根据这些方程，物体的加速度（即速度或方向的变化）与施加于它的力成正比，与它的质量成反比。但是物体对力的反应的描述仅仅是图像的一半，被称为"运动学"（kinetics）。为了形成一个完整的理论，我们还需要知道"动力学"（dynamics），即给定源（游戏厅），目标（阿列克谢），以及它们的距离，如何确定力的强度和方向。牛顿给出了一个与受力有关的方程，仅仅与一种类型的力相关——引力。

把两组方程——受力方程（动力学）和运动方程（运动学）放在一起，（原则上）可以解出一个物体的路径，它是时间的函数。人们可以预测，比如阿列克谢绕着游戏厅运动的轨道，或者在两大洲之间的弹道导弹的轨道。牛顿实现了始于毕达哥拉斯时期的雄心壮志，即构建可以描述运动的数学体系。为了解释同样的定律如何在地球和太空中支配物体运动，牛顿做了同样重要的事情：他统一了两个古老但分离的学科——物理学，主要注重日常人类经验；天文学，它一直关注天体的运动。

如果牛顿关于空间和时间的观点是正确的，那么很容易推出两件

不可能的事情。首先，一个物体在接近另一个物体时的速度是没有限制的。为了理解这一点，想象存在这样一个极限速度；接着，想象一个物体以该速度接近你。现在我们（为了科学实验）向该物体吐唾沫。如果这出戏发生在一个叫做绝对空间的有形介质中，那么很容易看到，该物体现在正以比它快的速度接近你的唾液。这样就违反了速度限制律。第二，光速不是恒定的。更确切地说，光必然以不同的速度接近不同的观察者。如果你跑向光，它将以更快的速度接近你。

如果空间的客观结构是存在的，那么这两个真理是不言而喻的，但这两个"真理"是错误的。这是狭义相对论的基础，是早期关于弯曲空间物理性质的推论中缺失的成分。人们长期"观察"（observed）到这个事实，但很久后才"领会"（appreciated）到它。

22. 相对论的其他发展者

年轻的黎曼对波兰历史产生了浓厚的兴趣，几年之后，在波兰的种族主义省份波斯南（Posnan）——该省后来被普鲁士人所统治——一对年轻夫妇生下了一个名叫阿尔伯特（Albert）的男婴。有人认为，波兰民族主义的英勇斗争就好比书中的故事，比真实生活体验更吸引人。如果说波兰人是英雄，那么他们同时也是反英雄人物，表现出一种充满恶意的反犹太主义，这使波兰成为希特勒安置毒气室的首选国家。不知什么原因，大约1855年，高斯去世，阿尔伯特的家人，迈克尔孙家族，移民到纽约，不久之后来到旧金山。这位第一个获得诺贝尔奖的"美国"科学家，一个波兰-普鲁士犹太人，来到了这个国家。当时在这个奖出现的半个世纪之前，他还是3个蹒跚学步的孩子之一。

1856年，迈克尔孙一家[4]搬到了位于加州卡尔弗拉斯县的一个偏远的矿业小镇墨菲（Murphy's），大约在旧金山和塔霍湖之间。他父亲开了一家干货商店，但家人没有留在这儿。远离他们的德国犹太家族，迈克尔孙一家最终定居在内华达州一个新兴的小镇上。这个新的"城市"不过是1859年建立在戴维森（Mount Davidson）山坡上的一个露营地。据传说，一名喝醉了的矿工在一块石头上砸了一瓶威士忌来给他的住处受洗。仿佛天生注定，这座城很快成为古老西部^① 最大的城市之一：弗吉尼亚城。矿工詹姆斯 ·"老处女"· 芬尼（James Old Virginny Finney）以自己的名字命名了这个小镇。戴维森山的金银很快让芬尼的小镇成为西部工业最发达的城市之一，规模堪比旧金山，同样繁荣的有枪支业，赌博，当然还有酒吧。

阿尔伯特的一个妹妹后来写了一本讲述当时生活的小说，叫《麦迪根家族》（The Madigans）。他的弟弟查尔斯，也是富兰克林 · 罗斯福总统新政内容的代笔人，在他的自传《鬼谈》（The Ghost Talks）中也写到了这些。但小阿尔伯特搬家后，很少有时间和家人在一起。

相反，他表现出优越的智商，所以留在旧金山的亲戚们那里，进入了林肯语法学校，后来，又进入男子高中，寄宿在校长家里。

1869年，年轻的迈克尔孙参加了在马里兰州安纳波利斯市举办的美国海军学院入伍竞争。他没能达到标准。事实证明，这场竞争是对毅力和知识的考验：16岁的年轻人提前几个月穿梭于横贯大陆的铁路上，前往华盛顿拜见美国总统格兰特。与此同时，在内华达州的国会议员代表阿尔伯特写信给总统。信的内容是，弗吉尼亚州犹太人将年轻的阿尔伯特视如珍宝，如果格兰特能帮助他，将有助于巩固犹太人的选票数目。迈克尔孙最终见到了格兰特总统。⁵我们没有会议进程的记录。在流行文化中，格兰特与维吉尼亚城一样臭名昭著：威士忌扮演着重要角色。

这个描述并不准确。除了在他的生命中一段短暂的时间之外，一个未被经常提及的事实是，在西点军校，格兰特在数学方面表现出色。⁶无论是为了支持年轻的数学家，还是作为总统希望得到犹太选区的支持，格兰特的表现非同寻常：他给了迈克尔孙一个特殊的任务，要求

① 古老西部the Old West，指密西西比河以西地区。——译者注。

学院在那一年增加对原本严格的新学员名额数目。从长远来看，迈克尔孙-莫雷实验也许是格兰特最重要的遗产。

迈克尔孙成为学校拳击比赛的冠军，而他那粗犷狂野的西部背景塑造了他在学院的性格特征。在学术上，迈克尔孙在29人的班级中名列第九。但他的整体排名并没有显示出他职业生涯的真正动力所在：他在光学和声学方面排名第一；在航海方面排名二十五；在历史方面，排名最后。迈克尔孙的才能和兴趣非常明显清晰。海军学院对迈克尔孙集中培养的方向也很清晰。其负责人约翰·L.沃顿[1862年曾指挥"监视号"（the Monitor）打击"梅里马克号"（the Merrimac）装甲舰]对迈克尔孙说，"如果你把对科学的注意力更多地放在海上射击，将来有一天，你所知道的东西才会足够为国家所用。"[7]尽管他显然更注重射击而不是科学，但当时安纳波利斯（美国马里兰州首府）的物理课程依然是全国最好的。

迈克尔孙使用的是由法国作者阿道夫·加诺（Adolphe Ganot）翻译的1860年版的译本。其中，加诺描述了一种被认为弥漫于整个宇宙的物质："……有一种微妙的、不可估量的、十分有弹性的液体被称为以太，分布于整个宇宙；它遍及所有物体有质量的部分，包括最密集和最不透明的地方，以及最轻和最透明之处。"[8]

加诺将那个时期光、热和电的实验研究的大部分现象，都归因于以太的基本作用："一种特定类型的运动传递到以太上，可以引起发热现象；相同的运动，但更大的频率将产生光；而另一种形式和性质上不同的运动，导致了电的产生。"

以太的现代概念是由基督徒惠更斯在1678年发明的。[9]这一术语是亚里士多德给第五元素取的名字，是天堂的组成部分。[10]根据惠更斯的观点，上帝创造了空间，就像一个巨大的水族馆，我们的星球就像一个漂浮的玩具，你可以跳进去用玩具来逗鱼。只有以太，不像水，不仅在我们周围流动，而且也能穿过我们。这个概念对任何像亚里士多德这样对空间中的"虚无"或真空感到不自在的人都很有吸引力。惠更斯改写了亚里士多德的以太理论，试图解释丹麦天文学家奥拉夫·罗默（Olaf Romer）的发现。他发现，从木星的一个卫星上发出的光需要一段时间才能到达地球，而不是瞬间到达地球。这一事实，以及光的传播速度似乎独立于其来源，证明了光是由贯穿空间的波组成，就像声音在空气中传播一样。但是声波，就像水波，或跳绳上的波浪一样，人们认为这实际上只是介质的有序运动，如空气，水，或绳子的运动。如果空间中没有介质，就无法让一条波从中穿过。正如庞加莱在1900年所写，"人们都知道我们对以太的信念源于何处。当光从遥远的恒星向我们传来时，它不再停留在恒星上，也还未到达地球。那么它一定存在于某个地方，通过某种物质支持而存在下去。"[11]

像大多数新理论一样，惠更斯的以太有好的一面，也有坏而丑陋的一面。在惠更斯的理论中，坏和丑的方面是，他作了一个十分微小的假设：整个宇宙及其内部空间都弥漫着这种极其稀薄而且至今未被观察到的气体。惠更斯在这一假设的前提下进行了大量的检查，因为在宇宙·中有一种无所不在的流体是一件事，而另一件很重要的事是使其与已知的物理定律相协调。惠更斯的理论在他的有生之年中并没有为人们所接受，因为人们更支持牛顿关于光是粒子的观点。

1801年，一项实验改变了当时盛行的观点，也提供了19世纪研究光的最为重要的新工具。这一实验看起来毫不起眼，不过是几个世纪以来所做的实验的一个变种，让光通过一个狭缝。但英国物理学家托马斯·扬（Thomas Young）将单一光源用两道狭缝分出两束光，照射到屏幕上，观察它们在屏幕上的叠加部分。他发现了明暗交替的模式：一种干涉图样。干涉在波上有一个简单的解释。重叠的波可以在一些区域叠加，在另一些区域相互抵消，比如在碰撞的水波纹中看到的波峰和波谷。随着光的波动理论的发展，以太理论得以复兴。

这并不是说对惠更斯理论的异议在几个世纪后就消失了。相反，它变成了一场恶斗。想象远处的角落有一束光，像波一样传播，但不

通过介质。就像没有水的水波一样，这一竞争理论很难让人信服。再想象远处的角落里，光是一种介质，遍布四周却无处可测。像水的理论一样，坚持遍布四周却无处可测，这种理论也是不受欢迎的。光是波（但没有什么影响），抑或不是波？这是一个问题。对门外汉来说，这种区分过于斤斤计较。但对当时的科学家来说，只有一种解释占了上风：以太。而物理学家们不知道以太是由什么组成的，这一点"无足轻重"，E.S.费舍尔（E.S.Fischer）在他的著作《自然哲学的基本原理》（1827年）中如是写道。[12]

法国物理学家奥古斯丁·让·菲涅耳（Augustin-Jean Fresnel）表示，他不认为以太的性质是无关紧要的。1821年，他发表了一篇关于光的数学论文。波可以以两种完全不同的方式振荡 —— 沿着它们的运动方向，像声波，或者沿着某一条线，或者沿着传播的垂直方向振动，就像绳子上的波一样。菲涅耳发现光波最可能是后者。[13]但这种波要求介质具有一定的弹性质量 —— 大致说就是一定量的形体。因为这一点，菲涅耳宣称，以太不是贯穿整个宇宙的气体，而是贯穿整个宇宙的固体。这种糟糕而丑陋的理论现在几乎是不可想象的。然而，在那个世纪后续的时间里，它仍然是公认的观点。

23. 填充空间的物质

尝试理解空间是由什么组成的，导致了有史以来最伟大的科学突破。这是一场激烈的斗争，大部分科学家都不知道他们要去往何方，也不知道他们究竟到了哪里。就像空间本身一样，他们的探索之路充满了曲折。

这一阶段始于1865年，当时一名1.65米高的苏格兰物理学家发表了一篇论文，名为"电磁场的动力学理论"。他在1873年出版了一本书，叫《关于电和磁的论述》（*A Treatise on Electricity and Magnetism*）。作者的出生名是詹姆斯·克拉克（James Clerk）[14]，但为了从死去的叔叔那里继承遗产，他的父亲后来又在名字上加上了麦克斯韦（Maxwell）。结果，他带着一点钱和这个不寻常的条款，让他叔叔的名字在物理学家和科学史学家中永垂不朽了。

麦克斯韦的电磁学理论与力学、相对论和量子理论一道，是现代物理学的基石之一。你不会在咖啡杯上发现他那一本正经、满脸胡须的脸。无论是纽约还是好莱坞文化猎头们都认为他没有吸引力。然而他的一生却在高中和大学里为人称颂：努力了解电、磁和光的多变而复杂的现象，在学习矢量计算后，突然发现现象都包含在几个无辜的方程里，几乎类似于阿列克谢所说的"由数字组成的句子"。位于加州理工学院校园附近的帕萨迪纳商店曾经引用《创世纪》中上帝的故事，上面写着："上帝说：'要有[四个方程]。'于是就有了光。"这方程就是麦克斯韦方程。[15]仅用少数字母和奇怪的符号，这些方程描述了科学中所有类型的力，除了引力。

无线电、电视、雷达和通信都只是这些方程的产物。麦克斯韦理论的量子版本就是现有最准确、范围最广的量子场论；它是描述基本粒子的"标准模型"，而基本粒子是我们所知道的最小的物质粒子。仔细分析麦克斯韦的理论，就会推出狭义相对论，并且得出以太不存在。

当时这一切都不那么显而易见。

今天的物理系学生学习的是麦克斯韦理论的一组简洁的微分方程，它们能解出两个矢量函数，可以从理论上推导出真空中的所有光学和电磁现象。这是十分优美的理论进展。但教科书中研究它的意义以及如何被发现的过程，就像为了生孩子在上无痛分娩法（Lamaze）课程一样；没有强烈的痛苦和尖叫，两种经历的感觉是不一样的。很久以前，一个年轻的研究生（我）交了作业论文，用两种方法解决了一个复杂的电磁辐射问题，以便感受更强大的解决方案的神奇之处。采用现代张量技术的优雅方法，所花费的计算量会少整整1页。而"蛮力"方法需要18页的数学才能得到相同的答案。（教授教这门课，让他把所有这些都整理好了。）后一种方法更接近麦克斯韦的原始理论，但

没有像它一样笨拙。麦克斯韦在 1865 年的理论是包含 20 个未知数的 20 个微分方程。

一方面，仅仅靠一些尚未发明出来或者尚未广泛使用的符号，人们是很难理解麦克斯韦的理论的。另一方面，麦克斯韦理论不仅本身很复杂，而且看起来也很复杂；它还被解释得很糟糕。显然，自然规律本身的精密严谨让麦克斯韦能够吸收和统一那个时期的大量知识，并在他的头脑中处理复杂的理论，但这些妨碍了他解释这些理论的能力。亨德里克·安托万·洛伦兹（Hendrick Antoon Lorentz）是负责解释和简化理论的人之一，他后来写道："理解麦克斯韦的想法并不总是那么容易。"[16]在他的书中，人们感到缺乏统一性，因为它忠实地记录了他从旧思想到新思想的逐步过渡。用保罗·埃伦费斯特（Paul Ehrenfest）的不太友好的言辞说，它是"一种智力上的丛林"[17]。麦克斯韦留给他的同事们的是知识要点的无序堆积，而不是一个适合教学的解释。尽管麦克斯韦的理论很晦涩，但他却是世界上最伟大的电磁现象掌控大师。有了这样的洞察力，麦克斯韦对空间应该由什么构成的立场是什么？是以太，或者不是以太？他于 1878 年在《大英百科全书》第九版上发表了一篇文章：

> 无论我们在对以太的组成部分拥有一致意见有多么困难，毫无疑问，行星之间和星际空间并不是空的，而是被物质或实体所占据，这确实是人类所知的最大的且统一性最强的实体。[18]

甚至连伟大的麦克斯韦都无法放弃某些实体的存在性。

值得称颂的是，麦克斯韦并没有像许多人那样简单地挥舞双手告别以太研究，将其视为不可观察从而不予理会。他发现了第一个，也是最重要的可观测结果：如果光波以恒定速度行进，该速度与以太相关，且如果地球沿椭圆轨道穿过以太运行，那么朝地球传来的光速变化，取决于地球在轨道上的位置。毕竟，地球在 1 月和 7 月是沿不同方向运动的，分别位于轨道的两端。1864 年 4 月 23 日，麦克斯韦试图进行一项实验，以确定地球在以太上移动的速度。

他提交了一篇题为"确定地球的运动是否会影响光的折射的实验"的文章，将发表在《皇家学会学报》上。

遗憾的是，他的文章没能发表，因为编辑 G.G. 斯托克斯（G.G.Stokes）说服麦克斯韦，认为他的方法不可靠。至少在原则上不可信。麦克斯韦没有活着看到以太的问题被解决，但在1879年，当他忍受胃癌的痛苦不久将离世时，他把这个问题寄给了一个朋友。他的信最终导致了以太不存在的实验证明。

运动中的信息交换

麦克斯韦的信发表在《自然》杂志上，迈克尔孙看到了这封信。这使他有了做个实验的想法。要理解迈克耳孙的实验设置，可以想象尼古拉·阿列克谢和他们的父亲在公园里打球。他们与父亲分别站在一个直角三角形的三个顶点上，沿着水平轴和垂直轴，尼古拉在北边，阿列克谢在西边，与原点都有相同距离。

想象一下，他们3个都以同样的速度向北跑。假设爸爸距离男孩10码，他们都以每小时10英里的速度奔跑。爸爸正在追赶尼古拉，尼古拉已经带球跑掉了，阿列克谢和父亲保持同样步调，沿着平行的道路保持着固定的距离。

爸爸看了看手表，喊道："该回家了！"孩子们一听到他的声音，就喊"不！"问题是：父亲会在听到一个孩子的声音之前听到另一个的声音吗？

答案是"是的"。不管说话的人跑得多快，他们的喊声都能以同样的速度穿过静止的空气，令它为 c。但是尼古拉正远离他父亲的喊声，所以喊声必然比他们的分离开的距离10码更远 —— 它传播了10码加上尼古拉的叫喊声到达父亲时父亲跑过的距离。另一方面，尼古拉的回喊声不必传播10码远才能到达父亲那里，因为父亲正在跑向他。它只走了10码，减去尼古拉的叫喊声到达父亲时父亲跑过的距离。另一种说法是，父亲的喊声以 $c-10$ 英里每小时的速度接近尼古拉，而尼古拉的喊声以每小时 $c+10$ 英里的速度接近他的父亲。另一方面，阿列克谢没有远离他的父亲，所以他们的叫声会以恒定速度 c 接近目标。

有了这一分析后，很明显，往返行程需要花费不同的时间；哪一种速度更快，是在往返行程中，保持恒定的速度 c，还是以 $c-10$ 的速度先变慢，接着以 $c+10$ 的速度变快？

阿列克谢和尼古拉从偶尔读给他们的故事中知道这个问题的答案（当他们尽量防止睡觉时）。故事的寓意是，缓慢而稳定的人能赢得比赛。为了说明这一点，我们暂时假设声速 c 等于 10.00001（"10 加一点点"的十进制表示）英里/小时。在这种情况下，阿列克谢和他父亲叫喊声以 10.00001 英里/小时交换，大约每条路走 2 秒。尼古拉的回喊声将更快地接近父亲，速度为 $c+10=20.00001$ 英里/小时，或者 1 秒的距离。但首先，父亲的叫喊声得先到达尼古拉。这将花费多长时间？父亲的叫喊声速度十分接近多出来的速度差，大约为 $c-10=10.00001-10=0.00001$ 英里/小时。以这种速度运动，到达将花费 3 周时间。阿列克谢赢了。当然，真实声速是 675 英里/小时，或者大概 330 米/秒。虽然这样快的速度只能以拍照距离论胜负，但比赛的结果是一样的。

用光和以太来代替声音与空气，上述实验就是麦克斯韦的想法的具体化。爸爸和孩子们也不用跑了，因为地球已经在太空中飞驰，以每秒 30 千米的速度绕太阳运行（地球也在沿轴自转，但速度要慢得多）。有一个微妙的观点：地球以一定速度围绕太阳运动并不意味着它就以同样的速度在以太中移动。然而，这似乎暗示着，地球必须以某种速度在以太中移动，这一速度将随着季节的变化而变化，因为地球在空间中的运动方向随着它的轨道而改变。事实上，我们关于父亲和孩子的实验应该允许我们用以太来测量地球的速度，因为阿列克谢的胜利能让我们解出速度 c，这基本上就是迈克尔孙所做的实验。这个实验很简单，除了是在那个我们称之为真实世界的实验室里做的。

光运动的速度很快，甚至与地球轨道运行的速度相比，其速度大约是后者的 1 万倍。对理论来说，这是一个很方便的整数，但对于实验来说却是个噩梦。

在这种情况下，数学告诉我们，以这样微小的速度，阿列克谢和尼古拉的叫喊声与父亲之间的时间差只有百分之一的百万分之一。这意味着，如果父亲、阿列克谢和尼古拉相隔 1 光年，孩子们发出的信号仍将在大约 1/3 秒内返回。该方法可行吗？似乎并不可行。

对迈克尔孙来说，幸运的是，一个叫阿曼德·希波吕忒·路易斯·菲佐（Armand-Hippolyte-Louis Fizeau）的法国人，他的医生父亲留下一笔财富，因此得以利用他的时间和金钱来继续光学研究。菲佐特别感兴趣的是设计一种地面仪器来测量光速，这是伽利略曾经设想过的。但是伽利略并没有机会体验工业革命带来的好处，以及19世纪中期的精密加工技术的进步[19]。为了实现他的目标，菲佐成功地建造了一种装置，一束光在5英里的道路上不间断传播。5英里对慢公交来说是长途旅行，但以186000英里/秒的速度则很快能到达。在1849年，菲佐的测量结果和现在测量的光速只有5%的差异。[20]

1851年，他进行了一系列的实验，以测试以太在地球表面被拖动的理论。这一理论在1818年由菲涅耳提出，它被证明很重要，因为这毕竟意味着地球表面上的点可能相对以太有一个很小的或为零的速度。菲佐在1851年造的仪器复杂但令人印象深刻，它有一个重要的创新——一个"光束分离器"，由轻且镀银的镜子制成，可以将一束光分成不同路径的两束光，然后再汇合。在迈克尔孙的装置中，来自微小光源的一束细长光线照射在镜子上，一半的光线通过，另一半以90度反射。父亲所在点就是这个半镀银的镜子。阿列克谢和尼古拉则被普通镜子所取代，普通镜子仅仅反射其所发出的光线。

迈克尔孙用极小的恒定光源构建一束窄光束，发射至分离器。由于光是一种波，如果一束光线比另一束更快到达汇合处，那么这两束光的振荡就不再处于同一相位，即，彼此步调不一致。这将产生干涉，可以转换成时间差来定出之前我们穿过以太的速度。（如果不需要使用这种干涉效应作为测量手段，该实验可能仅仅是通过在两点间发出不同方向的光，并比较传播时间来完成的。）

迈克尔孙实际上并不期待装置的两臂长能够在波长范围内，甚至不能以波长精度来测量它们的长度。此外，他无法知道装置和以太运动速度方向成什么角度。迈克尔孙通过把装置转动90度巧妙地解决了这些问题，当两束光线"互换角色"后，测量干涉条纹的移动距离，而不是直接测量条纹长度。

作为一名拳击手，迈克尔孙不必去远行深造，但作为一名科学家，情况则十分不同。1880年他得到了海军的许可，穿越大西洋前往更远的地方深造。这类奖学金在当时很常见，这是美国政府试图通过派遣军事人才来奖赏其军队人员。还不到30岁，迈克尔孙就在柏林和巴黎发展了他对干涉仪的绝妙想法。

迈克尔孙提出的装置必须具有最先进的精度水平：一臂相对于另一臂只要改变千分之一毫米就可能会破坏测量。如果其中一臂的温度只比另一只臂高出百分之一，迈克尔孙的实验就会失败。迈克尔孙用纸包住两只臂，以避免气流让温度变化，并在仪器周围放置融冰，使其周边长期维持在0摄氏度。最后，他的仪器非常灵敏，可以探测到在离实验室100米的地方一次跺脚形成的扰动。

这种仪器很贵。迈克尔孙想要让著名的德国仪器制造商施密特-亨施（Schmidt & Haensch）公司建造黄铜框架，但他负担不起如此昂贵的费用。幸运的是，几年前，一位美国同胞因发明"通话电报"（talking telegraph），获得了名誉和财富。今天我们称之为"电话"。1880年，发明家亚历山大·格雷厄姆·贝尔（Alexander Graham Bell）继续研究，推出了一项新发明 —— 可视电话。贝尔与施密特-亨施公司签了合同，并开了一个账户。正是因为有了信用账户，迈克尔孙的仪器才得以制造出来。

1881年4月，迈克尔孙在德国的波茨坦做了实验。他发现两种路径之间几乎没有时间差。这意味着什么？迈克尔孙的目的并不是要否定以太假说乃至去验证它；而是测量我们相对以太的速度。当他没有发现任何东西时，他并没有得出结论：以太是不存在的；他只是得出结论，我们并没有穿过以太。地球怎么会不穿过以太呢？一种答案是菲涅耳的以太拖曳理论，尽管不是很精确，但表面上好像被菲涅耳证实了。无论如何，如果迈克尔孙没有把他的实验当成是对以太存在

性的挑战，那么其他人也不会。威廉·汤姆孙爵士（开尔文勋爵）在1884年访问美国时，[21]直言不讳地说："发光的以太是……我们在动力学上唯一有信心的物质。有一件事可以肯定，那就是，发光以太是真实存在的物质。底线是，麦克斯韦的电磁理论适用于波，而波（的传播）需要介质。"大多数物理学家完全忽视了迈克尔孙的实验。他后来写道："我多次试图引起做科研的朋友们对这个实验的兴趣，但没有成功……很少有人关注这个实验，对此我感到沮丧。"[22]

也有人认真对待迈克尔孙的实验，荷兰物理学家洛伦兹就是其中之一。1886年，他对迈克尔孙的理论分析提出质疑，[23]指出了法国物理学家安德烈·波捷（Andre Potier）于1882年首次提出的问题。就像刚才我们提到的那样，迈克尔孙的分析确实包含一个十分微妙的错误。讨论中，我们假设父亲相对阿列克谢的喊声沿水平方向（在我们的设置中），从父亲发出喊声时的位置，到阿列克谢听到时所处的位置。但当叫喊声到达阿列克谢时，每个人都向上移动了一点。这意味着，父亲的叫喊声传播的距离要比我们想象的10码更远。这段额外的距离会花费一点额外的时间，减少他们来回叫喊能打败尼古拉和父亲来回叫喊的程度。新分析表明，干涉条纹的移动只是迈克尔孙最初预期的一半。洛伦兹认为，如果采用正确的分析方法，迈克尔孙的实验误差将足够大到使他的结论失效。

迈克尔孙回到美国，在克利夫兰的凯斯学校担任教授。不久后，洛伦兹和瑞利勋爵（Lord Rayleigh）要求对实验进行改良和重复。迈克尔孙开始与来自隔壁西储大学（Western Reserve College）的同事爱德华·威廉斯·莫雷（Edward Williams Morley）合作。后来，在1885年，迈克尔孙精神崩溃，离开学校去了纽约。而莫雷一直在工作，不指望迈克尔孙回来，但他在学期结束时确实回来了。1887年7月8日中午，在克利夫兰，同样在9日、11日和12日，迈克尔孙和莫雷进行了决定性的实验，之后已经成为每个物理系学生课程的一部分。人们对精确实验的反应和以前一样热情不高。这一负面结果，现在看来是革命性的，但在当时仅仅是没有找到想要的效果——我们相对以太的速度。尽管迈克尔孙和莫雷计划进行进一步的测量。例如，在不同的季节进行测量，即在地球公转轨道不同点上测量，但他们也失去了兴趣。[24]

与弯曲空间的发现一样，迈克尔孙－莫雷实验并没有在思想史上产生轰动。它更像是点燃了导火索。导火索的第一缕烟雾出现在1889年，当时实验已被遗忘很长时间，在一本新的美国杂志《科学》上出现了一封简短的信。信的开头是这样的：

　　我非常感兴趣地读了迈克尔孙先生和莫雷先生的精妙实验。它尝试解决一个重要问题，关于以太到底被地球拖曳了多远。他们的结果似乎与那些其他实验相反，那些实验表明空气中的以太只能在微小范围内被拖曳。我想说的是，几乎唯一可以调和这种对立的假设，是物体在通过或横穿以太时的长度改变了，取决于它们速度与光速之比的平方…… [25]

这是什么意思？物体的长度会改变吗？我们生活的空间会改变物质？这封信最后只添加了两句长句。由爱尔兰物理学家乔治·弗朗西斯·菲茨杰拉德（George Francis FitzGerald）撰写，它描述了一种理论基本概念，该理论将解释迈克尔孙和莫雷的实验：相对论。

大约在同一时间，洛伦兹仍在思考迈克尔孙的测量结果，得出了同样的结论。只有洛伦兹，19世纪90年代的著名理论物理学家，试图将物体长度的收缩用分子力被传递到以太中去来解释[26]。（现在为了挽救这个想法，以太不再被认为不受物理力的作用。）如果没有对长度收缩的物理解释，这就是一个临时的附加理论，就像托勒密的本轮一样。然而，他在用公式表示一个物理解释时总是失败，主要是因为洛伦兹被迫假设的力很难与牛顿力学相调和。

到1904年，在爱因斯坦发表相对论的第一篇论文的前一年，洛伦兹和其他人有了几项奇怪的发现，但没有意识到它们的含义。洛伦

兹的新理论区分了两种类型的时间,"当地时间"和"世界时"(但世界时从某种程度上是受欢迎的标准)。洛伦兹也意识到,电子穿过以太的运动会影响其质量,这是物理学家沃尔特·考夫曼(Walter Kaufman)在实验中证实的结果。庞加莱质疑光速可能是宇宙的速度极限,长度收缩理论似乎暗示了这一点。他还推断了空间和时间的主观性,写道:"没有绝对的时间;说两个时间相等是一个断言,其本身没有意义,我们甚至不能直观地理解两个事件在不同地方发生的同时性……"[27]暂时的事物及其存在的永恒空间之间的分界线正在被打破。那么会有什么样的几何学出现呢?

爱因斯坦用一个简单的理论解释了在太空中观察到的光的行为。空间和时间永远联系在一起,其背后的几何学也变得非常古怪。

24．三级试用期技术专家

1805年,当拿破仑在哥廷根骑马路过高斯家时,他已经扭转局势,在乌尔姆取得了决定性胜利。拿破仑因为欣赏高斯才对哥廷根手下留情,但他取得胜利的地点很快因为是历史上最伟大的物理学家阿尔伯特·爱因斯坦的出生地而为人景仰。那是1879年,是麦克斯韦去世的那一年。

与高斯不同,爱因斯坦并不是少年天才。[28]他很晚才学会说话 —— 有人说是3岁。作为一名孩子,他总是沉默寡言。他在家里接受教育,直到有一天他发脾气,向老师扔了一把椅子。在小学里,他的成绩很糟糕。有时他做得很好;但其他的老师认为他愚蠢呆滞,甚至智力发育迟缓。不幸的是,就像今天一样,死记硬背是大多数功课的重点,而死记硬背的学习从来都不是爱因斯坦的强项。当被问及指南针指向的方向时,人们很快就会对一个马上大喊"北方"的孩子表示赞赏,他们对像爱因斯坦那样在5岁时陷入沉思的人没有多少欣赏力,有一种看不见的力量导致人们这样做,并不是说德国的学校从比特纳和高斯开始就没有进步过。人们不再用鞭笞对错误答案进行惩罚。

更现代的方法是在膝关节上重重敲一下。爱因斯坦回答十分缓慢，这背后的天分实际上是一个受惊吓的孩子为逃避惩罚的策略：他在说话前总是会对他的答案进行心算检查和复核。

在家长会上，9岁的阿尔伯特的父母可能听到这样的情况：小阿尔伯特的数学和拉丁语很好，但在其他方面远在年级平均水平之下。可以想象他的老师的疑虑和父母的担忧。这个四年级的学生会有什么了不起之处吗？回顾历史，在13岁时，爱因斯坦在数学方面表现出了非凡的才能。他开始和一个年长的朋友以及一个叔叔一起学习高等数学。他还研究了康德的作品，特别是康德关于时间和空间的观点。对于直觉在数学证明上的作用，康德可能是错误的，但他关于时间和空间是我们感知的产物的观点，引起了青少年时期的爱因斯坦很大的兴趣。虽然人的心理没有发挥作用，但空间和时间的测量的主观性是相对论名称的来源。

到了1895年，年轻的爱因斯坦也知道了迈克尔孙－莫雷实验，费佐的工作，以及洛伦兹的工作。虽然这时他接受了以太的存在，但他已经意识到，无论一个人运动得多快，都无法追上光。相对论就隐藏于其中。

爱因斯坦在学术之外的追求并没有在学校里更容易地反映出来。阿尔伯特15岁时，他的希腊语老师，显然不是那种有教养的人，在课堂上说，这个男孩在智力上毫无希望，是在浪费大家的时间，而且应该马上离开学校。他很聪明地用德语而不是希腊语来说，否则阿尔伯特可能听不懂。阿尔伯特并没有马上离开，但他很快就接受了老师的建议。他拿到一份家庭医生的报告，说他精神要崩溃了，另一份数学老师的报告说，他已经掌握了课程中所有数学知识。他把报告带到校长那里，被允许退学。

当时，阿尔伯特住在寄宿家庭，他的家人搬到了意大利。现在阿尔伯特自由地跟着他们去意大利了。他可能无缘无故就被学校开除了，

但他发现自己十分适合辍学生活。这位未来的物理学家、艾萨克·牛顿的竞争对手，接下来的6个月，他在米兰和周围的乡村里轻松闲逛。当被问及工作计划时，他说不可能会有真正的工作。他考虑做教授大学哲学的工作。不幸的是，大学的哲学部门并没有雇佣太多的高中辍学者。甚至教高中也需要大学文凭。你可以想象，他剩下的唯一选择就是好好虚度时光。

但阿尔伯特的父亲赫尔曼并不这么打算。他发现儿子有数学天分，就不停唠叨，连哄带骗，用他们本土意第绪语① 来说，就是hocked a chainik（反复说），直到阿尔伯特同意回到学校学习电气工程。[29]赫尔曼本人不是电气工程师，但他创办了几家电力设备公司（均以失败告终）。阿尔伯特选择申请了一所最好的学校 —— 苏黎世联邦理工学院（the Eidgenoessische Technische Hochschule，ETH），这在英语中有许多不同的名字，其中大多数都有"理工学院"这个词，这所大学在国际上是很有名的，而且也是为数不多的几所不需要高中学历的大学之一。相反，所有人都要通过入学考试。阿尔伯特去考了，但他没有及格。

像往常一样，阿尔伯特在数学考试中表现得很好，但也像往常一样，还有其他一些讨厌的科目包含其中。这场考试，他的法语、化学和生物学拖了后腿。因为他可能没有用法语写生物化学论文的野心，所以阿尔伯特因为这些原因而辍学是毫无意义的。这对其他人来说也似乎毫无意义。现在阿尔伯特正在申请一流大学，在一流大学里，他的数学前途是不会被忽视的。

海因里希·韦伯（Heinrich Weber）是一位数学家和物理学家，曾是该校的物理学教授，他邀请阿尔伯特来旁听他的讲座。校长阿尔比尼·赫尔佐克（Albini Herzog），安排他去附近学校准备第二年的考

---

① 意第绪语是中东欧犹太人及其在各国的后裔说的一种从高地德语派生的语言。—— 译者注

试。第二年，拿到高中文凭后，爱因斯坦被允许进入苏黎世联邦理工学院而不需要重新考试。爱因斯坦取得了韦伯和校长的信任，这预示着他在学校表现不佳。为什么表现不佳呢？课程与考试一样，都受到教育哲学缺陷的影响。正如爱因斯坦所说："无论你喜欢与否，一个人必须把所有知识塞进脑子里以应对考试。[30]这种胁迫对我产生了一定的负面影响，在我通过了期末考试之后，我发现整整一年时间思考任何科学问题都感到恶心。"

爱因斯坦通过研究朋友马塞尔·格罗斯曼（Marcel Grossmann）的笔记混过了考试，他在爱因斯坦后来的数学生涯中扮演了重要的角色。韦伯并没有被爱因斯坦的行为逗乐，而是认为他傲慢自大。可能是因为爱因斯坦认为韦伯的讲座过时了，不值得参加。他那充满魅力的举止使韦伯从他的导师变成了死敌。1900年夏天，在爱因斯坦期末考试前3天，韦伯决定报复：他要求阿尔伯特重写一篇他交过的文章，因为他提交的草稿没有写在规定的纸上。1980年后出生的人应该会知道：在电脑尚未出现的年代，你无法通过简单地重新加载打印机和点击鼠标来实现这一点，它涉及一种叫做手写的繁琐程序。这消耗了阿尔伯特的业余学习时间。

爱因斯坦在4名学生中名列第三，但通过了。他的大学毕业同学都找到了大学的工作，但韦伯却给了他一些不太好的建议，阻碍了爱因斯坦的发展。爱因斯坦做了一段时间代课老师，然后是家庭教师，最后于1902年6月23日在如今十分闻名的瑞士专利局工作。他有一个迷人的头衔，叫三级试用期技术专家。在专利局工作期间，爱因斯坦拿到了苏黎世大学的博士学位。在后来的几年里，他回忆说，他的论文最初因为太短而被拒。他加了一个句子后重新提交。这一次，它被接受了。很难判断这个故事是否真实，或者只是在喝了一夜法国白兰地之后做的噩梦，因为似乎没有证据支持它。然而，这个故事概括了爱因斯坦学术生涯的真实情况。

他受的"教育"藏在身后，1905年，爱因斯坦的大脑爆发出革命

性的想法，足够为他赢得三四次诺贝尔奖，任何客观标准都能给出如此评价。这是任何一位科学家都不曾有过的最高产的一年，至少从牛顿1665年到1666年待在他母亲的农场以来就没有过。而爱因斯坦没有空闲时间坐着看苹果下落，他在专利局全职工作。他的作品包括6篇论文（其中5篇发表于同一年）。一篇是基于他的博士论文，讲了一个几何问题 —— 不是空间的几何学，而是关于物质的几何学。爱因斯坦在《物理学年鉴》杂志上发表了他的论文《分子维度的新测定》。在这篇文章中，他提出了一种新的理论方法来确定分子的大小。[31]这项工作后来在各种各样的领域中得到了应用，从水泥混合料中的沙粒到牛奶中的酪蛋白胶束（蛋白质颗粒）的运动。根据亚伯拉罕·派斯（Abraham Pais）在20世纪70年代所做的一项研究，[32]在1961年到1975年之间，这篇文章被引用的次数超过了1912年之前的任何科学论文，包括爱因斯坦的相对论论文。爱因斯坦1905年还写了两篇关于布朗运动的论文。1827年苏格兰植物学家罗伯特·布朗（Robert Brown）首次注意到悬浮在液体中的微小颗粒的不规则运动。爱因斯坦的分析基于这样一种观点，即运动是由液体分子之间随机碰撞造成的，这使得法国实验家让·巴蒂斯特·佩兰（Jean Baptiste Perrin）最终证实了新的分子理论。佩兰在1926年获得了诺贝尔奖。在1905年发表的另一篇论文中，爱因斯坦给出了一个解释，解释了为什么人们观察到某些金属被光照射时会发射出电子，这种效应被称为光电效应。要解释的主要问题是，给定的金属存在一个阈值频率，不管加于其上的光照有多强，光电效应都不会发生。爱因斯坦应用马克斯·普朗克（Max Planck）的量子理论来解释这个阈值 —— 如果光由粒子（后来被称为光子）组成，其能量依赖于频率，那么只有高于特定的频率，撞击光子才有足够的能量来驱出一个电子。在这篇论文中，爱因斯坦直接应用了普朗克的新量子概念，仿佛它已是一个普遍的物理定律。当时，人们仅仅认为这是一个难以理解的理论，是关于辐射与物质相互作用规律的一个侧面。没有人担心这些理论，因为当时这是一个充满问号的领域。当然，没有人敢像爱因斯坦那样，认为量子理论可以适用于辐射，从而反驳了麦克斯韦已经充分被人理解和检验的理论。就像爱因斯坦的其他革命性工作一样，最初很少有人相信他。洛伦兹甚至普朗克本人都反对爱因斯坦的观点。今天，我们把爱因斯坦的论文看作是量子理论历史上的一个里程碑，与普朗克发现量子本身相当。为此，爱因斯坦获得了1921年的诺贝尔物理学奖。但爱因斯坦1905年发表的另外两篇文章，才是一个世纪后他最被人铭记的地方。他们代表了长达11年的奇幻历险的开端，带领科学家进入了一个奇怪的新宇宙，在那里，高斯和黎曼所展示的弯曲空间在数学上是可能存在的。

25. 与欧几里得相对的方法

1905年，在《物理学纪事》的两篇论文中，《关于运动物体的电动力学》[33]，发表于9月26日，而《一个物体的惯性依赖于它所具有的能量吗？》发表于11月，爱因斯坦解释了相对论的最初理论，狭义相对论。

在上中学时，爱因斯坦发现了一本关于欧几里得的书。与笛卡儿和高斯不同的是，爱因斯坦是欧几里得的粉丝："这里有一些论断，例如，三角形的三条高交于一点 —— 这是十分明显的事实 —— 但却可以如此肯定地被证明，以至于任何怀疑似乎都不可能存在。这种清晰和肯定给我留下了难以言表的深刻印象。"[34]具有讽刺意味的是，在他后来发展的理论中，非欧几里得几何扮演了中心角色。但对于狭义相对论，爱因斯坦采用了欧几里得的方法。他的推理基于两个关于空间的公理：

(1) 除非与其他物体相比较，否则一个人不可能确定自身是静止还是匀速运动。

爱因斯坦的第一个公理，通常被称为狭义相对性原理，或者伽利略相对论，最初是由奥雷斯姆提出的。它即使在牛顿理论中也是成立的。最近一天，尼古拉骑着一辆塑料消防车穿过公寓。阿列克谢坐在厨房的一把椅子上，全神贯注地阅读一本儿童恐怖小说。当尼古拉嗖

骑车时，他拿出了一把塑料斧头，若有所思地戴上了我们买卡车时的头盔。尼古拉经过时，他的斧头撞到了阿列克谢的书，书和斧头都掉到地上，这激起了孩子们的争吵。阿列克谢争辩说，他的兄弟路过时用斧子刺他，把书从他手里敲了出来。尼古拉说他拿着斧头，是阿列克谢朝他移动。父亲更喜欢不去为了裁判结果而追究问题，而是开始一场关于这种情境下的科学讲座。

牛顿定律可以将同一事件预测为，尼古拉是静止的，而阿列克谢的书在移动，或者阿列克谢是静止的，而尼古拉的斧头是运动的。这是爱因斯坦的第一个假设 —— 你无法区分这两种情况，因此每个孩子的观点都是正确的。（两个孩子都暂时停止了争论。）

(2) 光速与光源的速度无关，且对宇宙中所有观察者来说都是相同的。

和第一个公理一样，爱因斯坦的第二个公理本身也不是革命性的。我们可以看到，麦克斯韦方程组要求光的速度与光源无关，而这并不使人感到困扰，因为这是正在传播的波的正常行为。爱因斯坦假设的关键包含在这个短语中，"而且对所有观察者来说都是相同的"，这意味着什么呢？

如果你能判断出你是否在移动，这并不意味着什么：所有的观察者都可以认为光速就是光接近一个"静止"物体时的速度。这是牛顿理论的理论框架里的情境 —— 绝对空间，或以太，提供了一种参考系，可以用来测量运动。但是，如果你不能把静止和匀速运动区分开来，所有的观察者都以同样的速度接近光，不管它们本身是否处于相对运动状态，那么我们就会遇到之前提到的吐唾液悖论。一条光波怎么能以同样的速度接近你和你的唾液呢？

要理解这种情况下光的行为，我们必须质疑推理背后的深层原因。如果我们认为爱因斯坦的两个公理是正确的，就不去质疑它们。除此之外我们还做了哪些假设？我们已经大量使用了同时性的概念，所以很自然地去检验其正确性。这就是爱因斯坦所做的。

考虑一个类似于爱因斯坦在他1916年的著作《相对论》中所采用的情形。[35]爱因斯坦喜欢用火车车厢作类比，因为在他的经历中，火车旅行提供了最真实的现实证据，证明一个人不可能知道自己是否在匀速运动。如今乘火车或地铁的人可能已经体验过爱因斯坦的经历，无法确定是你的车在运动，还是邻近的车（或者两车都）在运动。在我们的例子中，阿列克谢和尼古拉位于地铁车厢的两端。这是他们第一次乘坐地铁。妈妈和爸爸站在站台上，朝他们挥手，希望贴在窗户上的"暂停上客"标志能让这车相对不拥挤。假设妈妈与阿列克谢的距离和爸爸与尼古拉的距离分别相等，这样在火车开动后不久，妈妈与阿列克谢的距离和爸爸与尼古拉的距离依然相等。这是有目的的：他们带了相机。因为这是他们儿子的第一次旅行，所以当孩子们在约定的时间没有返回时，爸爸会拍一张照片给警察。由于自然规律，兄弟间会有竞争，妈妈和爸爸计划在同一时刻拍下他们的照片，妈妈捕捉到阿列克谢的笑脸，父亲同样也拍了尼古拉的照片。照片是同时拍摄的，两个儿子都不能吹嘘他的照片是先拍的。尽管如此，这一阶段还是注定要有家庭争执发生。

家庭争执的原因在于爱因斯坦提出的一个简单问题：父母判定两件事的同时性，在孩子们看来是同时的吗？第一个问题是，我们说两个事件同时发生是什么意思？如果两个事件发生在同一个地点，那么答案很简单：如果它们是同一时间发生的，它们就是同时的（由那个地点的时钟来测量）。如果事件不发生在同一地点，答案就不那么简单，需要深刻的洞察力才能理解。

假设光（或任何我们可以用来发送信号的东西）以无限大的速度传播。那么，当闪光消失的那一刻，两道闪光都将立即到达阿列克谢和尼古拉的位置。接着，他们可以通过比较某一点的事件来回答"同时性"的问题，这里的例子是，比较两道闪光在各自位置的到达时间。如果哪一地点先接收到一个闪光，那么此处照片就先拍了。但由于光

不会以无限的速度传播，所以这个方法行不通。爸爸永远是科学家，提出了一个建议。他在他和妈妈之间的道路上安装了照片探测器。如果照片同时拍摄，闪光灯的光应该在道路中点相遇。尼古拉在听过爸爸的建议后，复述了一遍就好像是自己提出的一样（这也是他的一个可爱的习惯）。阿列克谢则在两个兄弟各自的地铁车厢里安装了照片探测器。

火车开始移动。妈妈和爸爸的手表已经调成同步。快门按下，照片生成。可以肯定的是，光在父母之间的中途相会。阿列克谢和尼古拉满意了吗？不，因为当闪光相遇的时候，他们的车厢已经移动了一点，所以闪光不会在车厢之间的中点相遇。这种情况展示在了下一页的图中。

从孩子们的角度来看，每一次闪光都是在他们的世界 —— 他们认为是静止的地铁车厢里发生于某一时间和地点的事件。就像他们的父母一样，他们认为闪光没有理由不会在半途中相遇。因此，当闪光接近阿列克谢时，他们断定尼古拉的照片是先拍的。虽然这些照片是由父母同时拍摄的，但在相对他们运动的参考系中，情况却并不是如此。爸爸踢了自己一脚 —— 他忘了把实验安排得不同一点，让闪光对孩子们来说是同时的，但对他而言却不是。

是的，你可能会说，我明白了，但开什么玩笑呢？孩子们确实在移动，而父母则在静止的站台上。看起来确实如此，因为我们认为地球是静止的，但实际上当然不是。想象在太空中的一个观察者 —— 地球绕太阳转，此外还有自转，在小范围内才能自然地认为火车或站台是"静止的"。或者，去除地球的支撑：想象孩子和父母在空无的空间里。现在真的无法依靠外界来判断谁在移动了。这样一来的效果相同且十分真实 —— 在父母看来同时出现的事件在孩子们看来则不同，反之亦然。

同时性被破坏后，距离和时间的相对性就出现了。为了明白这一

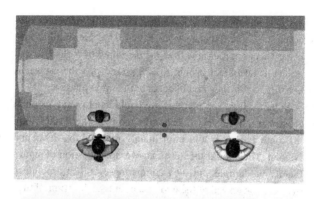

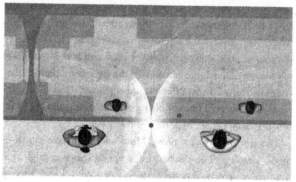

地铁时间

点，我们只需要注意，为了测量长度，需要首先标出我们想要测量物体的端点，然后用一个标尺来测量。如果物体相对我们静止，这就不重要。但如果它在移动，就会有一个中间步骤。例如，当物体经过时，我们可以把两个端点标记在一张静止的纸上。接着，像从前一样，我们可以拿起标尺来测量两个标记之间的距离。但我们必须确保区分出了两个端点——此时，那个讨厌的词——同时性，又出现了。如果我们错了，在一端点到达前标记了另一端点，那么后者就会事先走了一定的距离，从而我们无法得到真正的测量值。不幸的是，当我们进行了我们认为是同时进行的测量时，一个随着测量对象移动的人，我们刚才看到，将不同意。那个人会指责我们在标记一个端点前就标记了另一个，从而得到了错误的测量结果。这意味着物体的长度不是绝对的。长度取决于正在进行观察的人。这是一种全新的几何学。

人们常说，在相对论中，运动物体在运动方向上看上去是收缩的。这意味着当一个观察者看到物体在运动时，其所测量到的物体长度将会比看到物体静止的观察者所测量到的要短。爱因斯坦发现时间行为也有类似的异常现象。相对运动的观察者会在测量时间间隔，以及时间过去了多长上意见不同。就像长度一样，持续的时间也不是绝对的。

一个观察者在自身位置上测量两事件发生的时间间隔 —— 在他所在参考系中是空间上的固定点 —— 叫做固有时。任何其他相对他（以恒定的速度）运动的观察者，将会感知到这两个事件之间的时间间隔更长。因为我们始终相对自己静止，忽略加速度的影响，我们由自己所测量的一生，将永远比别人看我们的要短。对其他人来说，我们的时钟似乎走得很慢。可惜，我们终将死去，仅仅由伴随我们自身的内在计时器来知晓这一点。在狭义相对论中，别人家的草坪总是比自己的更为青翠。

这对运动定律而言意味着什么？在狭义相对论中，物体仍然遵循牛顿第一定律：它们沿直线运动，除非受到外力作用。观察者可能对这条线的特定部分有多长持有不同意见，但不会对一条线是否是直的有意见。但这并不是一种用"相对论的方式"来表述的第一定律：在相对论中，空间和时间对不同的观察者而言是不同的。必须改变几何学的概念，同时包含时间和空间。

我们重新定义术语事件为四维时空中的点，以代替空间中的点和事件发生的时间。我们用穿越时空的世界线来代替穿越空间的路径。我们用事件之间的时间间隔和空间距离的结合，来代替距离。我们用测地线，现在（因技术原因）定义为连接两事件的最短或最长的世界线，来代替直线。[36]一个典型的事件就是本书作者坐在空间中某一特殊点，比如他的书桌旁，在某一特定的时间。一条典型的世界线是作者在他的办公桌旁连续写作好几个小时。那条特定的世界线的时间坐标是变化的，但空间坐标却不变。这对世界线而言是允许的。作者在空间中的"路径"是一个无趣的、固定的点，但在时空中，他仍然可以追溯出一条世界线，就像一个上升的电梯在东西坐标上保持轨迹不变，只在海拔上改变了轨迹。这条世界线上，两点间的时空距离不为零，尽管它们在空间上的距离是零，但世界线上的点是在时间上分开的。

为了发现如何用相对论语言来重新表达牛顿第一定律，假设一个物体在其时钟的时间零点，从阿列克谢处出发，以其时钟经过1秒钟到达尼古拉处，这是物体的常见运动。在没有外力的情况下，该物体走的路径将是什么样的？用相对论的语言，我们考虑的两个事件是（空间=阿列克谢的位置，时间=0）和（空间=尼古拉的位置，时间=1）。假设孩子们相对静止，而且他们的时钟是同步的，物体将以它所特有的任何恒定速度作直线运动，依孩子们的时钟1秒钟后，从阿列克谢处到达尼古拉处。这就是狭义相对论中自由物体的世界线。

世界线遵循什么规律呢？考虑一下如果物体没有沿直线移动，而是绕道而行，情况会有什么不同。要在同一时间内走更长的距离，它就必须走得更快才能及时到达目标，即到达事件（尼古拉的位置，时间=1秒）。但正如我们所看到的，当一个物体相对于另一个物体运动时，它的时钟似乎走得更慢：以自身时钟计算，物体到达的时间将不到1秒。

空间中恒定速度下的直线运动构成了物体的世界线，因为以该物体的时钟能得到在两个事件之间最大可能的经过时间。因此，运用新的几何学，牛顿第一定律可以这样表述：

除非受到外力作用，否则物体轨迹总是沿着从一个事件到另一个事件的世界线，而由它自己的时钟读取的时间（固有时）是最大的。

爱因斯坦知道他的理论就仿佛一个被扔进现代物理学城堡的炮弹。他崇拜牛顿，但他摧毁了牛顿最基本的信念之一，绝对空间和绝对时间的存在。他还摧毁了有两百年历史的物理理论基石 —— 以太。虽然他的狭义相对论有许多成功之处（解释了快速移动的放射性粒子拥

有更长的寿命，能量和物质的等价性和可转化性），但爱因斯坦足够聪明，知道那些花费了一生心血维护和装饰这座城堡的人可能不会给破坏它的人一瓶烈酒，拍拍他的背，就此了事。他做好了接受攻击的准备。

几个月过去了，攻击并没有到来。《物理学年鉴》上发表了一篇又一篇文章，对于爱因斯坦的重磅炸弹，物理学的世界似乎无话可说。最后，爱因斯坦收到了马克斯·普朗克的一封信，要求澄清几点问题。又有几个月过去了。真的是这样吗？你用尽心血想创立革命性的全新理论，而这一切革命都来源于这位柏林的家伙提出的几个小问题？

1906年4月1日，爱因斯坦被升职为专利局二级技术专家。这是专利局的标准荣誉，但并不是诺贝尔奖。他开始怀疑自己是否像阿列克谢常说的那样，是失败者星球的移居者。或者，用爱因斯坦自己的话来说，是一个"令人尊敬的联邦墨水马桶"[37]。更糟的是，27岁时，爱因斯坦担心他的创作生涯已经屈指可数。他可能怀疑自己是否会像鲍耶和罗巴切夫斯基那样默默无闻地死去，但就像几乎所有其他人一样，他之前从未听说过他们。

爱因斯坦所不知道的是，他收到的信只是马克斯·普朗克提供待遇的冰山一角。1905年到1906年的冬季学期，普朗克在柏林举办了爱因斯坦理论的物理讨论会。1906年夏天，他派了他的一个学生马克斯·冯·劳厄（Max von Laue）去专利局拜访爱因斯坦。爱因斯坦终于有机会与世界上真正的物理学家交流。

当爱因斯坦走进冯·劳厄等候的房间时，他因过于害羞而不敢自我介绍。[38]冯·劳厄瞥了他一眼，将他无视了，因为冯·劳厄无法想象一个如此不起眼的人就是相对论的作者。过了一会儿，爱因斯坦又回来了，但仍然没有勇气去接近冯·劳厄。最后，冯·劳厄介绍了自己。当他们走到爱因斯坦的家时，爱因斯坦递给冯·劳厄一根雪茄。冯·劳厄闻了闻，是廉价而糟糕的品种。当他们说话的时候，劳厄偷偷地把它扔进了阿勒河（Aare River）。冯·劳厄对他所见的东西不以为然，但对他所听到的内容印象非常深刻。劳厄后来在1914年获得诺贝尔奖（因他发现了X射线衍射），他和马克斯·普朗克（1918年获得诺贝尔奖）两个人都成为爱因斯坦和相对论的关键支持者。几年后，劳厄给爱因斯坦推荐了布拉格的职位，而普朗克则将把他与哥白尼相提并论。

普朗克对相对论的支持是具有讽刺意味的，因为他接受了爱因斯坦早期关于光电效应的解释，这是普朗克自己的量子理论的全新解释。然而，谈到相对论，普朗克思想豁达且灵活易变，立即承认它是正确的。1906年，普朗克成为除了爱因斯坦之外的第一个发表相对论论文的人。在这篇论文中，他也成为第一个将相对论应用于量子理论的人。1907年，他成为第一个指导相对论博士论文的人。

爱因斯坦先前的老师，赫尔曼·闵可夫斯基（Hermann Minkowski）当时在哥廷根，是另一个支持推广相对论的人。他是在早期对这个理论做出重要贡献的少数人之一，他作了一个报告，将几何学和把时间概念作为第四维度引入相对论理论。在1908年的一次讲课中，闵可夫斯基说："从今往后，空间本身，以及时间本身，注定要逐渐消失于物理学仅有的阴影之中，只有将二者结合，才能维持独立的现实。"[39]

尽管有德国的物理学家们的支持，但人们对狭义相对论的广泛接纳却迟迟没有到来。1907年7月，普朗克写信给爱因斯坦说，相对论的支持者"组成了一群谦虚的人"。[40]在许多人看来，接纳从未到来。就如我们看到的那样，迈克尔孙无法放弃以太理论。洛伦兹与爱因斯坦互相尊重[41]，但他也不能完全接受这种突破。庞加莱从未理解相对论，直到1912年去世都一直持有反对意见。[42]

但随着物理学界开始逐步思考爱因斯坦的思想，他开始致力于进行一场更大的革命。这场革命将使几何学成为物理学的核心，也是牛顿引入微分方程以来人们长期停留的地方。这场革命也让爱因斯坦的

理论，相比于先前更容易被人所理解。

26.爱因斯坦的苹果

正如后来爱因斯坦在1907年11月谈论的：“当时我正坐在伯尔尼专利局的一张椅子上，突然一个念头进入脑海：'如果一个人自由下落，那么他就不会感受到自己的重量。'”[43]

这样的想法并不能让爱因斯坦得到报酬。他在专利局否决永动机，分析升级版捕鼠器的想法，揭穿能把粪便变成钻石的装置的谎言。这项工作偶尔会很有趣，而且不会很费力。但工作时间并不短：每天8小时，每周6天。尽管如此，他还是会在数小时后继续研究他的物理学。在后来的几年里，他经常会把笔记带到办公室里，在办公室里偷偷摸摸地工作，当主管走近时，他很快就把纸条塞进办公桌。所谓的爱因斯坦先生，就像我们其他人一样衣着邋遢。主管很少与爱因斯坦接触，以至于1909年，爱因斯坦终于辞职找了大学的教职时，他笑了笑以为爱因斯坦在开玩笑。布朗运动被解释了，光子发明了，狭义相对论发展了，就在他的鼻子底下。

“如果一个人自由下落，那么他就不会感受到自己的重量。”爱因斯坦后来称之为“我一生中最幸福的想法”[44]。爱因斯坦是一个悲伤孤独的人吗？实际上，他的私人生活可不是好莱坞童话。他结了婚，离婚，再婚，对婚姻生活持否定态度。他将第一个孩子寄人收养。他最小的孩子是精神分裂症患者，死在了精神病医院。他被纳粹从祖国赶出，在他的移居国从未完全安适过。但如果这种让爱因斯坦十分中意的思想，能在生活中具有同样的意义，那么就能使任何人的人生变得卓越。

爱因斯坦说，这种突然意识到的想法让他颇为“震惊”，正是顿悟导致了他最伟大的成就。那个在爱因斯坦的脑海中坠落的人，就是爱因斯坦的苹果，它是新的引力理论，新的宇宙学概念，以及物理理论新方法的种子。自1905年以来，爱因斯坦一直在寻找类似的东西，这是一个全新的原理，指引他找到更好的相对论理论。他知道他最初的理论是不完整的。由于其暗示着某种空间和时间的主观性，最终，他的狭义相对论仅仅是一种新的动力学。它描述了物体对特定力的反应；但没有具体说明是哪些力。当然，狭义相对论就是设计成与麦克斯韦的理论完全吻合，所以这特殊的力包含电磁力并不是问题。而引力则讲述了一个不同的故事。

在1905年，唯一的引力理论是牛顿引力理论。牛顿十分聪明地将他对引力的描述设计成与他的动力学，也就是运动的定律，完美吻合。由于狭义相对论用一种新的动力学取代了牛顿定律，爱因斯坦发现牛顿的引力理论不再适用也就不足为奇了。牛顿的引力理论是这样的：

任意时刻的两个有质量物体之间的万有引力正比于每一个物体的质量，反比于那一时刻它们之间的距离的平方。

这就是全部。你可以将其写成定量的数学形式。你可以用微积分将"点"质量物体推广到有延展质量的物体。你可以代入这种运动规律，推导出天体如何在互相影响的情况下运动的方程式。或者，就像高斯刚成名时那样，靠大量汗水和天赋，（近似地）解出这些方程式来预测新发现的小行星的轨道，高斯解出的是谷神星的轨道。牛顿万有引力定律可以推出的结果远比它的简单陈述要复杂得多，将物理学家们从成千成万人成年累月的工作中轻松地解脱出来。

牛顿本人对该定律并不满意；他认为力的瞬间传递是一个可疑的概念。在相对论中，它只是单纯地错了：没有任何东西能传播得比光速更快。还有更多错误。考虑"在某一时刻"这个短语。在相对论中，我们之前已经看到，这是一种主观判断。如果这两个物体相对于彼此运动，那么在一个物体上同时发生的事件在另一物体看来是在不同的时间发生的。正如洛伦兹发现的那样，两个物体在质量和距离上也有不同的测量结果。

爱因斯坦知道，为了让理论更完整，他必须找到与狭义相对论相一致的引力描述。但还有一些事情让他感到烦恼。他在狭义相对论中提出了一个重要的观点，即观察者应该能够在不改变他的物理理论的前提下，认为自己处于静止状态，就像光速是一个给定常数的原理一样。这应该适用于任何观察者。但在狭义相对论中，它只适用于匀速运动的观察者。

"这种为人喜爱的被称为匀速运动的状态是什么？"怀疑论者或逻辑学家可能会咆哮着问。训练有素者的答案是，匀速运动就是以固定速度沿直线运动的状态。诚然，一群观察者排成直线，以恒定的速度相对运动，组成一个"老男孩俱乐部"，成员们自以为自己是在匀速运动，但他们能否反驳一个局外人的观点？一个局外人说，他们的运动仅仅是相对匀速运动，只是因为在现实中他们是一起改变速度或方向。

想象一下，一个体育场挤满了球迷，他们都被激烈的比赛所吸引。他们看起来就像是匀速运动（速度为零的匀速运动）的缩影，一群懒散电视迷的缩影。但现在想象另一个电视迷，这一次是一个宇航员在座位上一动不动，一边斜躺在太空站的苏丹式躺椅（Barca Lounger）上，一边通过电视监视器观看比赛。对她而言，体育场里所有的球迷都在疯狂地绕着地球自转轴旋转，她很难把这叫直线运动。谁可以判断其实是她静止而球迷们在旋转？或者，现在脑洞已经打开，另一个观察者声称她和体育场都在疯狂地移动，以各种方式这样或那样地运动？

当这件事发生时，有一种方法可以区分它们。对于本书作者而言很简单：他保持匀速运动，他平静地坐着，思考着牛顿定律如何优美地描述了他周围的世界；经过了太多次加速后，他脸色发青接着呕吐了。这是在20世纪60年代早期的一辆雪佛兰上首次观察到的效果。加速度对人体的影响当然是复杂的，但背后的物理原理很简单：加速会产生不同的现象。在头脑中做个实验，想象爱因斯坦的儿子汉斯·阿尔伯特（Hans Albert）是实验对象。1907年，他5岁，对这个年龄的孩子而言，非匀速运动似乎仍然很有吸引力。假设汉斯·阿尔伯特坐在旋转木马上，他的父亲，爱因斯坦博士，站在环绕它的固定平台上。

汉斯手里拿着一个棒棒糖。他松开手。如果旋转木马静止不动，棒棒糖就会掉到地上。如果它在旋转，棒棒糖会在被释放时沿着切线飞行。小孩子往往把自己看成是宇宙的中心。假设汉斯·阿尔伯特松开棒棒糖后坚持认为在这两种情形下他都是静止的。对于后一种情形，他不会把旋转木马看成是在运动。相反，在他看来，世界是会绕着他转的。让老爱因斯坦烦恼的是，与尼古拉的斧头与阿列克谢的书相撞的场景不同，这两位观察者描述的事件似乎遵循了不同的物理定律。为了理解这一点，让我们看看两位观察者是如何分析各自情境的。老父亲爱因斯坦会设定一个固定在地球上的坐标系统。在该系统中，他的位置是不变的，而汉斯·阿尔伯特的运动轨迹将是围绕旋转木马中心的一个圆圈。棒棒糖会和汉斯·阿尔伯特一起运动一段时间，因受到抓取之力而被迫走在他的圆形轨道上。在汉斯·阿尔伯特放开手的那一刻，棒棒糖会按照牛顿运动定律继续运动下去。这意味着它将离开圆形轨道，以汉斯·阿尔伯特松开手的任何那一刻的速度和方向开始沿着直线运动。牛顿定律和狭义相对论都不需要任何修改就能描述正在发生的事情。

现在考虑小汉斯·阿尔伯特的观点。他把一个坐标网格固定在旋转木马上，在该坐标网格上他的位置不变。棒棒糖在汉斯·阿尔伯特的位置上保持静止了一段时间。但当汉斯·阿尔伯特松开手时，棒棒糖突然飞走了。这不是牛顿或爱因斯坦物理学中物体的通常行为。他们的定律似乎并不适用。相反，在这个参考系中，汉斯·阿尔伯特可能会用这样一种说法来代替牛顿第一定律：

静止的物体会保持静止，但前提是你紧紧握住它。如果你放手，物体就会无缘无故地离开你。

像汉斯·阿尔伯特这样的旋转观察者，坚持认为自己处于静止状

态，就必须改变物理定律来描述物体如何在他的世界里运动。改变牛顿运动定律（即：动力学）只是其中一种方法。如果汉斯·阿尔伯特希望"拯救"牛顿定律，他可以这样做：遵守牛顿定律，但要定义一个神秘的"力"，可以作用于宇宙中一切事物，将其从旋转木马的中心推开。除了是排斥力而不是吸引力之外，这听起来有点像地心引力，因此让我们称其为"斥引力（schmavity）"。

牛顿知道参考系的加速运动使物体移动，就仿佛有斥引力这样的神秘力量作用于物体上。这种明显的力被称为假想力，因为这种力不是来自比如电荷这样的物理源，并且，如果一个人在不同的参考系中观察，在均匀运动中的参考系（称为惯性系），该力就可以被消除。牛顿理论中假想力的缺失，为匀速运动提供了一个真正的标准。如果没有假想力出现，你就会以匀速运动。如果假想力出现，你就加速运动了。这个解释让很多科学家感到困扰，尤其是爱因斯坦。从这个意义上说，匀速运动似乎是可以在物理上定义的。但是没有绝对空间作为固定参考系，选出加速坐标系，是否真的比选出静止坐标系更有意义呢？

想象一个测试物体在一个没有物质和能量的空间里。当没有别的运动可供对比时，如何区分线性运动和圆周运动？牛顿基于对绝对空间的信念回答了这个问题：即便是完全真空的空间也可以被赋予一个固定参考系来定义运动。上帝不是电影中的"小灵精"（batteries not included）——宇宙不仅满足了欧几里得的理论，还满足了笛卡儿的理论。当时流行的另一替代理论是奥地利物理学家恩斯特·马赫（Ernst Mach）提出的：宇宙中所有物质的质量中心可定义为一个可判断所有运动的相对运动的点。因此，粗略地说，相对于遥远恒星的匀速运动是真正的惯性运动。但是爱因斯坦有他自己的想法。

在狭义相对论中，爱因斯坦成功消除了静止和匀速运动之间的区别（以非零速度）；他将所有处于惯性系的观察者列为平等地位。现在试图将理论拓展，将所有观察者都涵盖进来，包括那些相对惯性系加速运动的观察者。如果他成功了，他的新理论将不需要假想力来解释"非均匀运动"，也不需要改变运动的物理定律。体育场里的球迷，月球上的宇航员，坐在旋转木马上的汉斯·阿尔伯特，固定平台上的阿尔伯特自己，每个人都能运用这个理论，而不用想哪个是真正的惯性参考系。哲学的动机就在那里，爱因斯坦缺乏的是理论。如何形成理论？他需要一个能指引他的原理。

爱因斯坦"最幸福的想法"帮助他实现了所需要的理论。"如果一个人自由下落，那么他就不会感受到自己的重量。"这是第一个路标，是通往新理论的漫长道路上的指南针。说得更远一点，该陈述后来演变成了等效原理，或者爱因斯坦的第三公理：

除非与其他物体相比，否则无法区分一个均匀引力场中的物体是处在匀速运动状态还是静止状态。[45]

换句话说，重力是一个假想力，就像斥引力一样，仅仅是我们所选择参考系的产物，可以通过选择一个不同的参考系来消除。等效原理适用于均匀引力场，这是爱因斯坦首先想到的最简单的形式。高斯和黎曼的研究使得爱因斯坦得以将非均匀场视为无穷小均匀场的拼接，但他直到5年后的1912年才断定这一点。也正是那时他创造了"等效原理"这个术语。

让我们来看看爱因斯坦最初考虑的均匀场是什么意思。想象一个匀速运动的参考系，牛顿思考参考系时用船，就像爱因斯坦使用火车，有时是电梯。如果用电梯来思考的话，牛顿可能就会以不同方式看待引力，但直到1852年之后，这种运输方式才开始流行起来，在那一年，伊莱沙·格雷夫斯·奥蒂斯（Elisha Graves Otis）解决了一个很小的工程问题：当电缆断了时，如何防止乘客因突然下落而死亡。爱因斯坦在他的思考广义相对论的头脑实验中使用了前奥蒂斯式的电梯。假设乘坐电梯时，你突然感到失重。等效原理几乎就是这种直观观察的体现：在这种情况下，你无法确定说电缆被切断，还是引力消失（尽

管后者可能是人们更愿意有的想法）。如果我们处在引力场中自由落体的环境中，那么其间的物理定律就与无重力环境相同。放开你的咖啡，它就会浮在那里，不论你说在外太空，还是在从91层高楼坠落至死的过程中。

现在假设你走进一栋办公大楼底层的电梯里。门关闭。你闭上眼睛，再睁开眼睛，感受你的体重。是什么让你感觉到这种向下的力量？它可能源自地球引力，或者地球可能突然被外星人毁灭，你的电梯被劫持，以每秒钟增加32英尺的速度加速。你在面试中一定不会分享后一种猜测，但根据等效原理，两种情况的效果是相同的。放开你的咖啡，它也会以同样的方式向外飞溅。

在自由落体的电梯里，物体是漂浮着的，而在无引力空间中加速运动的电梯里，物体当然就如牛顿定律所预测的那样下落。本质上这些场景中没有新的物理。但像往常一样，爱因斯坦一直在不停拷问这些情形，直到它承认自己深藏的秘密。他从这个情形中听到的秘密十分奇怪 —— 引力的存在会影响时间的流逝和空间的形状。

为了及时发现这种影响所在，爱因斯坦在电梯里进行了分析，就像他在地铁上使用的方法一样。他追踪了不同观察者交换和测定光信号的感觉。爱因斯坦打算用狭义相对论来阐述这种物理学，但他遇到了一个问题。由于这些观察者在加速，狭义相对论无法适用。因此，他做了个假设，该假设后来成为他最后一个理论的基石之一：在足够小的空间和足够短的时间内，以足够小的加速度，狭义相对论可以近似适用。这样，爱因斯坦就可以将狭义相对论和等效原理应用于无限小的区域，即便该区域不均匀。

想象一艘长长的火箭飞船，阿列克谢在顶端，尼古拉在底部。他们有同样的时钟。阿列克谢在时钟每滴答一次就闪一次光。为了简单起见，假设在阿列克谢和尼古拉的测量下，宇宙飞船只有1光秒长（意思是一束光从阿列克谢传播到尼古拉需要1秒的时间）。尼古拉能观察到什么？

由于阿列克谢每秒钟都发出一道闪光，每一次闪光都传播1光秒的距离到达尼古拉之处，在第二秒之后，尼古拉将会每秒钟观察到一次闪光。现在假设火箭以恒定加速度发射。会有什么变化？下一次闪光将比预期来得更快，因为尼古拉将会飞向闪光。比如说闪光提前了0.1秒。根据等效原理，尼古拉和阿列克谢可能会否认自身运动，而是将他们所感受到的"拉力"归结为引力场。但如果他们否认有加速度，并将力归因于引力场，那么他们也将否认，尼古拉朝上移动接收到闪光。相反，他们会得出这样的结论：信号提前0.1秒到达，是因为引力场使阿列克谢的时钟加速，导致他提前0.1秒释放了闪光。

如果按照等效原理，两种解释都是正确的，我们就不得不得出结论，处于引力场中更高位置的时钟会跑得更快。由于地球引力的作用，座位在上端的阿列克谢和在下端的尼古拉相比，时间流逝得更快。但差别非常小。即便太阳有更强的引力场，在高出地球表面9300万英里的地方，时间也仅仅比太阳表面的时间快百万分之二。按照这样水平，一个活在太阳上的生物每年仅仅比地球上的生物多赚了一分钟。[46]作为交易筹码，这几乎不能与二者的气候差异相提并论。时间弯曲影响光的频率，也就是光每秒振荡的次数。影响并不大，但爱因斯坦预测了这一点（称为引力红移[47]）。正因为如此，如果你最喜欢的电台是调频1070（即，1070 kHz），从110层世贸中心的顶部广播，你在地面上调谐的频率应该是1070.00000000003 —— 高保真音响爱好者请注意。

爱因斯坦在1907年首次提出，引力会改变时间的流逝。我们从狭义相对论知道，空间和时间是相互交织在一起的。这个试用期技术专家花了多长时间才意识到引力的存在也改变了空间的形状？5年 ——下次当你忽略一些你认为是显而易见的事情的时候，记住爱因斯坦所说的话："如果我们知道我们在做什么，这就不能被称为研究，难道不是吗？"[48]

1912年夏天，爱因斯坦在布拉格突然想到了空间弯曲的概念。这是他考虑构建相对论的广义理论的第六年。又是一次顿悟。他写道，"由于相对于惯性系旋转的参考系有洛伦兹收缩，支配刚体的定律并不符合欧几里得几何的规则。因此必须抛弃欧几里得几何学。"[49]说得明白点，"当你不以直线运动时，欧几里得几何是扭曲的。"

想象一下，10岁的汉斯·阿尔伯特又一次出现在旋转木马上。假设相对于在"静止"平台上的父亲，旋转木马的轨迹呈现出完美的圆形。在这种情况下，狭义相对论对空间有什么影响？（就像以前一样，这种分析并不是严格意义上的，因为它涉及狭义相对论在非匀速运动上的应用。）考虑在每一个时刻，在汉斯·阿尔伯特的瞬时位置画两条垂直的轴。其中一条轴沿径向（从中心到旋转木马向外延伸）。这是汉斯·阿尔伯特在那一刻感受到的力的方向 —— 汉斯·阿尔伯特并没有朝这个方向移动：他所在的旋转木马到中心的距离是不变的。另一条轴与旋转木马相切。在任何时刻，它都指向汉斯·阿尔伯特运动的方向。它总是垂直于他所感受到的力的方向。

现在假设他的父亲扔给汉斯·阿尔伯特一个水平面上的正方形，其中一边沿着旋转平台的半径排列。他让汉斯·阿尔伯特观察它，并报告其形状。汉斯·阿尔伯特会怎么说？对他的父亲来说是一个正方形，对他而言则是长方形。这就是洛伦兹收缩的影响。因为汉斯·阿尔伯特总是沿着切线方向运动，从不沿径向运动，所以正方形平行于切线方向的两边是收缩的；平行于径向的两边不变。如果汉斯·阿尔伯特用该正方形的长度测量旋转木马轨迹的周长和半径，他将发现其比例不等于π。汉斯·阿尔伯特的空间是弯曲的，他的父亲因此得出必须抛弃欧几里得几何的结论。唯一的问题是，抛弃之后，接受什么理论比较好？

27. 从灵感到汗水

放弃一个理论很容易，构建理论却很难。如果爱因斯坦想要构造新物理，他所需要的是全新的几何学来描述空间的弯曲。幸运的是，黎曼（以及后来的几个追随者）已经解决了这个问题。不幸的是，爱因斯坦从未听说过黎曼 —— 几乎没有人知道他。但爱因斯坦听说过高斯。

爱因斯坦想起学生时代上过的关于微分几何的课程。它涵盖了高斯的曲面理论。爱因斯坦于是向他的朋友马塞尔·格罗斯曼（Marcel Grossmann）求助，1905年爱因斯坦曾把自己的博士论文赠予他。格罗斯曼当时是苏黎世的一名数学家，碰巧专攻几何学。爱因斯坦一见到他就大声说："格罗斯曼，你一定要帮帮我，不然我就要疯了。"[50]

爱因斯坦解释了他所需要的东西。在查阅文献时，格罗斯曼找到了黎曼和其他一些人关于微分几何的研究。它晦涩难懂，复杂，并不优美。格罗斯曼回来报告说，没错，这样的数学确实存在，但是"一场可怕的混乱，物理学家不应该参与进去。"[51]但爱因斯坦确实想进入这种混乱中。他已经找到了数学工具来阐明他的理论。他还发现格罗斯曼是对的。

1912年10月，爱因斯坦写信给一个朋友，物理学家阿诺德·索末菲（Arnold Sommerfeld），"在我的一生中，我从未如此努力地工作过，现在我陷入了对数学的强烈的崇拜中 …… 与数学相比，我原本想构建的理论（狭义相对论）不过是儿戏。"[52]

这项探索又花了3年时间，其中两年与格罗斯曼密切合作。那些让爱因斯坦成功上大学的笔记，再一次成为他的导师。普朗克听到爱因斯坦在做的事情后告诉他："作为一个年长的朋友，我必须建议你放弃它，因为首先你不会成功；即使你成功了，也没有人会相信你。"[53]但到1915年，爱因斯坦因为受到普朗克的吸引回到了柏林。格罗斯曼在那之后只写了几篇研究论文，后来不到10年的时间里重病在身，患上了多发性硬化症。爱因斯坦已然知道自己需要的是什么，他独自完成了他的理论。1915年11月25日，他向普鲁士科学院提交了一篇题为《引力的场方程》的论文。[54]在文章中，他宣称："最终的广

义相对论形成了一整套逻辑结构。"[55]

广义相对论如何描述空间的性质？它展示了宇宙的物质和能量如何影响点和点间的距离。空间被简单视为一个集合，仅仅以点为元素。我们称为几何学的空间结构源于我们称为距离的点之间的关系。添加结构与原结构的区别就像电话簿，住宅表和表示它们空间关系的地图的区别。在德国测量大地期间，高斯发现可以通过定义两点之间的距离来决定空间的几何形状；黎曼发展出了一些理论细节，爱因斯坦需要用这些细节来表达他的物理学。

这一切都归结于我们的老朋友毕达哥拉斯和非毕达哥拉斯学派之间的争论。回想一下，在欧几里得的世界里，我们可以用毕达哥拉斯定理（即勾股定理）来测量任意两点间的距离。我们简单地放置一个直角坐标系。把这两个坐标轴叫东/西轴和北/南轴。根据毕达哥拉斯定理，两点间距离的平方等于到东/西轴距离的平方与到北/南轴距离的平方之和。

非欧几里得（人名）发现，在如同地球表面的弯曲空间中，毕达哥拉斯定理不再成立。相反，毕达哥拉斯定理必须用新的公式，用非毕达哥拉斯定理来代替。在非毕达哥拉斯式距离公式中，表示北/南轴距离的一项和表示东/西轴距离的一项不一定是等价的。另外，可能会有新的术语产生，来表达东/西和北/南距离。在数学上表示为[56]：$(距离)^2 = g_{11} \times (东/西分开距离)^2 + g_{22} \times (北/南分开距离)^2 + g_{12} \times (东/西分开距离) \times (北/南分开距离)$。由$g$因子表示的数字被称为空间的度规（这些$g$因子被称为度规的分量）。由于度规定义了任意两点之间的距离，几何上，度规完全描述了空间的特征。对于直角坐标表示的欧几里得平面，度规分量可以很简单地表示成$g_{11} = g_{22} = 1$，且$g_{12} = 0$。在这种情况下，非毕达哥拉斯公式只是通常的毕达哥拉斯定理。在其他类型的空间中，度规分量并不是那么简单，它们的值因位置而异。在广义相对论中，这些概念被推广至三维空间，并且，由于该空间由狭义相对论描述，时间作为第四维被包括进来（对于四维空间，度规有10个独立分量）[57]。

爱因斯坦1915年发表的论文宣布了这一结论：用一个方程将空间（和时间）中的物质分布与四维时空的度规相联系。由于度规决定了几何结构，爱因斯坦的方程定义了时空的形状。在爱因斯坦的理论中，物体质量的作用不是施加引力，而是改变时空的形状。

虽然空间和时间是交织在一起的，但如果我们把自己限定在某些情况下，比如，低速和弱引力，那么空间和时间就可以被看成是近似独立的。在这个世界中，单独谈论空间和空间的曲率是可以接受的。根据爱因斯坦的理论，一个空间区域的曲率（在各个方向上的平均值）由该区域的质量所决定。

正如我们所看到的，曲率反映在圆的面积与半径的关系，或者球体体积与半径的关系上。爱因斯坦的方程表明了这一点：给定一个物质均匀分布的球形区域。球体的测量半径将小于你所期望的半径（体积一定），减少量与球体内部的质量成正比。该比例常数非常小：每增加1克质量，半径只减少了2.5×10^{-29}厘米，即

0.00000000000000000000000000025厘米。对于地球来说，假设其密度均匀，它的半径就差了1.5毫米。对太阳来说，这个值是500米。[58]

地球上因时空曲率造成的影响很小，只有最近才有实际应用（例如，全球定位卫星需要广义相对论修正以保持同步）[59]。多年来，爱因斯坦认为光线因引力而弯曲根本不可测量。后来他考虑朝天空观测。测试原理很简单：找出下一个日全食发生的时间和地点；测量在日食期间出现在太阳旁边的恒星的位置（因此才需要日食：如果太阳没有被遮挡，发现这颗恒星将毫无希望）；也可以从其他数据中找到它的位置，比如6个月前，恒星的光可以传播到你的眼睛而不是在地平线上掠过。在日食期间，检查一下恒星是否出现在"应该"出现的地方，

或者它是否"偏差"了一点点。

所谓的一点点，在这里真的只是一点点：只有 $1\frac{3}{4}$ 弧秒，或者 0.00049度。牛顿自己也能发现同样的效应，尽管他的理论将预测出不同的偏转角。到1915年，爱因斯坦发现了他的场方程，并做出了最好的预测。那么，对广义相对论的第一次真正的验证，不是光线是否弯曲，而是它弯曲了多少。爱因斯坦很自信。

28.蓝头发的胜利

在1919年5月29日的日食期间，两支英国探险队被派去进行观测。亚瑟·斯坦利·爱丁顿（Arthur Stanley Eddington）带领着一只后来观测成功的队伍，到达巴西的索夫拉。[60]在离开之前，爱丁顿写道："这次观测日食的探险可能将首次证明光的重量[即，它受到的引力作用——从"牛顿"的分析框架下说]；或者证实爱因斯坦关于非欧几里得空间的怪异理论；或者会导致更深远的结果——没有偏转。"[61]分析这些观测数据花了几个月的时间。最后，在11月6日，该结果在皇家学会和皇家天文学会联合会议上公布。[62]《纽约时报》此前从未提到过爱因斯坦的名字，但意识到这是一条适合刊发的新闻。他们可能误判了新闻的重要性，派出了高尔夫专家亨利·克劳奇（Henry Crouch）来报道这一消息。克劳奇甚至没有参加会议，但他确实和爱丁顿谈过了。

第二天，《泰晤士报》（伦敦）的标题写道："科学革命"，小字体标题写着，"宇宙新理论"和"牛顿思想被推翻了"。3天后，《纽约时报》的报道出现了："爱因斯坦理论成功了"。《纽约时报》的文章赞扬了爱因斯坦，但也质疑这种影响可能是一种光学错觉，或者爱因斯坦可能窃取了H.G.威尔斯（H.G.Wells）在小说《时间机器》中的想法。他们把爱因斯坦的年龄搞错了，称他"大约五十岁"，实际上是四十岁。虽然《泰晤士报》弄错了年龄，但他们拼对了他的名字。在世界各地，爱因斯坦迅速成为一个名人，对许多人来说几乎是超自然的天才。一名爱幻想的女学生写信问他是否真的存在。不到一年，就出现了一百多本关于相对论的书。世界各地的演讲厅都挤满了渴望听到这个理论最新进展的人们。《科学美国人》提供了5000美元来悬赏该理论的3000字最佳解释。（爱因斯坦说他是他的朋友中唯一没有参加比赛的人。）

许多公众对爱因斯坦很崇拜，而他的一些同事却会攻击他。迈克尔孙当时是芝加哥大学物理系的系主任，他接受了爱丁顿的观测结果，但拒绝认可理论。迈克尔孙在天文系的同行说[63]："爱因斯坦理论是一个谬论。'以太'的理论不存在，引力不是一种力，而是空间的属性，只能说这是一种疯狂的异想天开，是我们这个时代的耻辱。"尼古拉·特斯拉（Nikola Tesla）也嘲笑爱因斯坦，但事实证明，特斯拉也害怕圆形物体。

在最近某一天的晚餐后，阿列克谢表达了他最新的艺术愿景：把头发染成蓝色。这是21世纪，孩子们已经把他们的头发染成蓝色至少几十年了。但在九岁的孩子中间，并不是很多。下个星期一，阿列克谢成为学校里第一个拥有和他的钢笔墨水颜色相配的头发的人。他4岁的效仿者尼古拉顶着令人惊奇的橙绿色头发从前面走了出来。

学校里的反应和预期一样。一些孩子们表现出智力上的深度和洞察力，宣称头发看起来很酷（大部分是阿列克谢的朋友）。很多孩子都不能接受打破传统的做法，用"蓝莓"这样的名字称呼他。他的老师盯着他看了一会儿，但没作评论。

物理学界和四年级的孩子们很类似。对于20世纪早期的物理学家来说，非欧几里得空间是研究的边缘领域。研究也许是因为好奇，但就像蓝色的头发一样，与主流不太相关。随后，爱因斯坦出现了，并建议让蓝头发成为时尚。在爱因斯坦的例子中，这种反对持续了几十年，但随着老一代人的去世，它逐渐消失了，新人能接受任何听起来

最合理的东西，当然不会接受空间被一种叫做"以太"的东西充满的观点。

反相对主义者的最后呼声是在德国，也是最早支持者所在的国家。在德国，反犹分子有一个战场。诺贝尔奖得主（1905年）菲利普·莱纳德（Philipp Lenard）和约翰内斯·史塔克（Johannes Stark）坚持认为相对论是犹太人占领世界的阴谋。1933年，莱纳德写道："犹太圈子对自然研究具有十分危险的影响力，最重要的例子是爱因斯坦和他搞砸了的数学理论……"[64] 1931年，一本名为《一百名作者反对爱因斯坦》的小册子在德国出版。[65]这反映了该组织在数学上的教条主义，它实际上列出了120名反对者，但几乎没有著名的物理学家。

爱因斯坦的老支持者普朗克和冯·劳厄没有置之不顾。这让史塔克在一次祝贺以莱纳德的名字命名的研究所开放的演讲中，将矛头转向了他们——

> 不幸的是，他[爱因斯坦]的朋友和支持者仍然有机会在他的思想基础上继续他们的工作。[66]他的主要推广人，普朗克，仍然领导着威廉大帝的协会，他的译者和朋友，冯·劳厄先生仍被准许在柏林科学院物理学部担任顾问，理论形式主义者海森伯，是爱因斯坦的思想核心，甚至是杰出的大学职位任命者。

海森伯通过努力研制原子弹得到了纳粹的善待。幸运的是，他自己不是很懂相对论，他们被聪明的美国人打败了，比如意大利的恩里克·费米（Enrico Fermi）、匈牙利的爱德华·泰勒（Edward Teller）和德国的维克多·韦斯科夫（Victor Weisskopf）。爱因斯坦一直保持在争论之外，通常既不回答那些严肃的挑战者，也不回答那些狂想家。

德国总统冯·兴登堡（von Hindenburg）任命希特勒为总理时，爱因斯坦正在帕萨迪纳市，计划在加州理工学院停留两个月。骑兵如风暴一般很快袭击了爱因斯坦的柏林公寓和他的避暑住处。1933年

4月1日，纳粹没收了他的财产，并将他作为国家的敌人来悬赏捉拿。当时他正在欧洲旅行，决定在美国寻求庇护，留在新建的普林斯顿高等研究院。显然，选择普林斯顿大学而不是加州理工学院的决定因素是大学同时录用他的助手沃瑟·梅尔（Walther Mayer）。[67]1933年10月1日，爱因斯坦抵达纽约。

后来几年，爱因斯坦试图建立一个理论，将所有力统一起来。为了实现这一目标，他必须将广义相对论，麦克斯韦的电磁理论与强相互作用和弱相互作用的理论相协调，而最重要的一点，是与量子力学相协调。很少有物理学家相信他的大统一计划。著名的奥地利裔美国物理学家沃尔夫冈·泡利（Wolfgang Pauli）驳斥了这一说法，他说："上帝撕碎的东西，谁都无法组合在一起。"[68]爱因斯坦自己说："我通常被认为是一种石化的物体，多年来失明且失聪。我觉得这个角色不太令人反感，因为它与我的性格非常契合。"我们很快就会看到，爱因斯坦是在正确的轨道上，但比他所处的年代早了几十年。[69]

1955年，爱因斯坦被诊断出腹腔内有动脉瘤。它已经破裂，给他造成了失血和极大的痛苦。纽约医院的外科主任在普林斯顿给他做了检查，建议手术可能可以治愈，但爱因斯坦回答说："我不相信人为延长生命。"[70]当时，加州大学著名土木工程教授汉斯·阿尔伯特（Hans Albert）从伯克利飞过来，试图改变他父亲的想法。但是，爱因斯坦于次日凌晨逝世，死于1955年4月18日凌晨1点15分，享年76岁。此后，在1973年，汉斯·阿尔伯特死于心脏病发作。

回顾他所经历的反抗和仇恨，以及他所激发的敬畏和崇拜，爱因斯坦对几何学的贡献或许可以用他自己的平淡描述来概括——在他的革命性著作中，他写道："当一只盲甲虫爬过地球表面时，他没有意识到自己所走过的轨迹是弯曲的。而我很幸运地发现了这一点。"[71]

第五章

威腾的故事

在21世纪的物理学中，空间的性质决定了力的性质。物理学家们随意戏弄着多余的维度，也戏称从某种基本层面上说，空间和时间可能根本不存在。

29. 诡异的革命

决定空间有什么物质存在的定律是否与空间的性质有关？爱因斯坦证明物质的存在通过扭曲空间（和时间）影响几何结构。这在当时看来十分激进。但在当今的理论中，空间和物质的本质是交织在一起的，比爱因斯坦想象的要深刻得多。是的，在此处的物质可以稍微将空间弯曲，如果物质密度很大的话，就会将空间弯曲更大的程度。但是，在新物理学中，空间对物质的影响将更加强烈。根据这些理论，空间的最基本性质——比如维数——决定了自然规律以及构成我们宇宙的物质和能量的性质。空间作为宇宙的容器，又成为空间自身的仲裁者。

根据弦论，空间存在额外的维度，这维度是如此之小，以至于该理论所有能变化的部分都无法被现有的实验观测到（尽管间接观测可能很快会出现）。尽管观测效应可能很小，但它们和它们的拓扑结构——即与是否改变形状有关的性质，比如平面、球体、扭结或圈环，它们决定了空间里有什么存在（就像你和我一样）。把这些圆环的维度扭成结，接着——噗！——电子（和人类）就被扔出可存在的范围。

还有更多：弦论，尽管依然很难理解，但已经演变成另一种理论，即M理论。我们对此知之甚少，但它似乎正引导我们得出这样的结论：空间和时间实际上并不存在，只是更复杂事物的一种近似。

在这一刻你可能会想做一些事，要么是大笑，要么是嘲笑那些浪费纳税人血汗钱的学者们。我们将看到，多年来，大多数物理学家都有同样的反应。一些物理学家现在依然如此。但对于那些研究基本粒子理论的人而言，弦论和M理论虽然还不太严格，却十分重要。不论这些理论，或者后来衍生出的理论，会不会被证明是某种"终极理论"，但它们都已经改变了数学领域和物理学领域。

随着弦论的出现，物理学已经转向了它的伙伴——数学，这门自希尔伯特以来就建立在规则而不是现实之上的学科。到目前为止，弦理论和M理论并不像从前一样，为新的物理洞见或实验数据所驱动，而是由他们自身的数学结构推演出来的。它不为成功预测出新粒子而欢呼，而是为了让新发现的理论描述现有的粒子。物理学家已经意识到，这类发现是常规科学研究过程的某种转变，因而为它们创造了新的科学术语——后见之明（postdiction）。在对科学方法进行奇异的扭转后，理论本身已成为（头脑）实验的主体；实验主义者成为理论家。爱德华·威腾（Edward Witten）今天是该理论的主要支持者，他没有获得诺贝尔奖，而是获得了一枚菲尔兹奖奖章，这是数学领域与诺贝尔奖同等级别的奖项。就像几何结构和物质可以互相影响一样，二者的研究方法也是如此。威腾甚至更进一步说，弦论最终会发展为几何学的一个新的分支。[1]

这场革命与之前不同，不仅重构了空间的概念，还重构了研究空间的方式。然而，这场革命不同于之前革命的一个重要方面在于：我们仍在其间的迷雾之中，没有人真正知道它将如何发展。

30. 我讨厌你的理论的10个方面

故事发生于1981年。约翰·施瓦兹（John Schwarz）在走廊里听到一个熟悉的声音。"嘿，施瓦兹，你今天在几个维度里呀？"这是费曼的声音，他自己还没有被"发现"处于哪一个维度，当时他热衷于探索纯粹物理世界。费曼认为弦论是很难解决的问题。施瓦茨对此并不介意。他习惯了不被认真对待。

那年的某一天，一名研究生向一位名叫姆沃迪瑙（Mlodinow）的年轻教师介绍了施瓦兹。施瓦兹走后，那位学生摇了摇头。"他是位讲师，不是真正的教授。在这里9年了还没拿到终身教职。"一声窃笑。"他在26个维度里研究这个疯狂的理论。"实际上，这名学生对最后一部分的看法是错误的。最初这是一个有26维的理论，但那时已经下降到10维。尽管如此，它似乎还是太多了。

多年来，这个理论一直被其他"尴尬"所困扰，从一个物理学家的角度来说，它作出的预言似乎与现实毫无关系：负概率、虚质量、超光速粒子，诸如此类。尽管如此，在事业付出巨大代价的情况下，施瓦兹依然坚持这一理论。

阿列克谢很喜欢看一部电影，关于一群高中生的故事，叫《10件我讨厌你的事》（Ten Things I Hate About You）。电影结束时，女主角站在全班面前，读了一首她讨厌她男朋友的10件事的诗，但这首诗其实是关于她有多爱他。很容易想象，约翰·施瓦兹一边诵读着这首诗，一边爱着他的理论，坚持他的理论，尽管有时是因为它可爱的小毛病。

施瓦兹在弦论中看到了一些几乎没有人看到的东西，本质上的数学之美让他觉得这不是巧合。即使这一理论很难发展，也没有使他气馁。他试图解决自爱因斯坦开始，就困扰着爱因斯坦和其他所有人的问题 —— 协调量子理论和相对论。找到解决方案并不容易。

　　与相对论不同的是，普朗克发现能量的量子化后，过了几十年，第一个量子理论才出现。由于奥地利人欧文·薛定谔（Erwin Schrödinger）和德国人沃纳·海森伯（Werner Heisenberg）的努力，1925～1927年理论有了突破。每一个独立发现的——也许"发明"是一个更合适的词——优雅的理论，解释了如何用其他方程式来代替牛顿运动定律，这些方程式都涵盖了在过去几十年里被推导出的量子原理。这两种新理论分别被称为波动力学（wave mechanics）和矩阵力学（matrix mechanics）。就像狭义相对论一样，量子理论的结果不能从日常生活中直接显现出来，只能在非常小的世界中才可以。一开始，这两种理论不仅与相对论的关系不明确，而且彼此之间的关系也不明确。在数学上，它们的表现像他们的发现者一样与众不同。

　　想象海森伯其人，一个举止良好的德国人，西装和领带穿戴整整齐齐，书桌也井然有序。不久他就成为人们所形容的那样，从"单纯的民族主义者"转变为"温和的亲纳粹"，他将为德国的原子弹事业效力。在战争结束后，他被其他人嘲笑。海森伯的理论大量依赖于实验数据，并与物理学家马克斯·玻恩（Max Born）和后来的纳粹党突击队员帕斯卡尔·约尔当（Pascual Jordan）合作。[2]他们共同创造了一个包含了特殊物理规则的理论和那些物理学家们已经注意二十多年的模式。物理学家默里·盖尔曼（Murray Gell-Mann）[3]如此描述这一过程，"他们[从实验数据中]拼凑出来理论。他们的理论是这些规则的总和。"有一次玻恩正在度假时，他们从这些规则中重新发明了矩阵的乘法。他们不知道那是什么。当玻恩回来后，他一定会说，"但是，先生们，这是矩阵理论。"他们的物理学推演出了有效的数学结构。

　　想象薛定谔其人——物理学界的唐璜，他曾经写道："从来没有一个女人和我或者想和我睡觉，因此，她也不会想和我一辈子生活在一起。"[4]因此有充足的理由认为，是海森伯，而不是薛定谔，提出了不确定性原理。

　　薛定谔对量子理论的研究更多地依赖于数学推理，而不是像海森

伯那样依赖于实验数据。想象薛定谔认真的神情，带着一丝微笑，一团乱麻的头发让人想起爱因斯坦。他若有所思地在笔记本上潦草地书写着，像小学生一样。他制造噪声，不考虑任何礼节，他在每只耳朵上粘着一颗珍珠，以防止分心。但保持沉默并不是他滋养创造力时的所有需要。他不是在一个偏远的修道院创建波动力学的，而是在普林斯顿大学的数学家赫尔曼·外尔（Hermann Weyl）所说的"他生命中晚期的情爱爆发"时期[5]。

薛定谔在一场滑雪胜地的幽会中首次写下了他的波动方程式，当时他的妻子刚离开苏黎世。据说，这个神秘女人的陪伴让他在一整年里都受到刺激并疯狂地产出。这种合作通常不被认为是合作，他的论文没有列出任何合作者。这个特别的合作者的名字似乎永远消失了。

虽然薛定谔有更好的工作条件，但他的波动力学和海森伯的矩阵力学很快就被英国物理学家保罗·狄拉克（Paul Dirac）证明是等价的。他们各自的理论被赋予了一个中立的名称：量子力学（quantum mechanics）。狄拉克还扩展了量子力学，将狭义相对论原理包括在内（并在1932年和1933年因量子力学获得了诺贝尔奖）。狄拉克没有把广义相对论也纳入其中，他有充分的理由：这是做不到的。

爱因斯坦作为两种理论之父，看到了它们之间的明显冲突。虽然广义相对论修正了牛顿关于宇宙的大部分观点，但它仍然保留了牛顿的一个"经典"原则：确定性。给定一个系统的正确信息，无论是关于你的身体还是整个宇宙，牛顿的范式意味着你可以在原则上计算未来会发生的事件。但根据量子力学，这是不正确的。

这是爱因斯坦讨厌量子力学的唯一原因。他恨透了这个理论。他花了30年的时间寻找一种方法来推广他的广义相对论，将自然中所有的力都纳入其中，并且希望在这个过程中解释相对论和量子理论之间的冲突。他失败了。现在，在爱因斯坦去世30年后，约翰·施瓦兹认为他找到了答案。

31. 事物必要的不确定性

量子力学中不确定性的来源是不确定性原理。根据这一原理，在牛顿定律描述的运动中被量化的系统特征无法被无限制地精确化。

阿列克谢最近兴奋于他听到的一个老笑话。一名修女，一位牧师，一位犹太教教士在打高尔夫。每当教士错过关键一击时，他习惯于大叫，"该死的上帝，我没打中！"打到第十七洞时，牧师为此感到很生气。教士承诺要克制自己，但是，当他错过下一个推杆时，他再次大喊："该死的上帝，我没打中！"此时牧师警告说："你若再诅咒，神必定杀死你。"在第十八洞时，教士又一次失误，同时他又骂了一遍。此时天暗了下来，风开始刮起，一道耀眼的闪电从天空击下。当硝烟散去时，惊恐的牧师和震惊的教士凝视着正在冒烟的修女遗体，被烧成一片酥脆。就在那时，从天上传来雷声，"该死的上帝，我没打中！"

阿列克谢说这个笑话很有趣，因为它侮辱了上帝 —— 用自己的方式呈现出一个画面，一个有缺陷的神犯下和人类一样的错误。不完美的上帝或不完美的自然的概念，是让许多物理学家对量子力学感到困惑的地方。上帝无法确切地指明位置吗？

这种对自然决定论的限制让爱因斯坦说出了这样的名言："[量子力学]理论产量颇丰，但它几乎无法让我们接近上帝的秘密。无论如何，我确信他不会掷骰子。"[6] 如果这个笑话在爱因斯坦的时代就有了 —— 而且很古老 —— 那么爱因斯坦可能会咕哝着，"上帝无论何时何地都可以让一束闪电着陆。"

也许除了薛定谔与异性的关系之外，我们在生活中所遇到的一切都是不确定的。因此，人们可能会想，为什么表达一个明显是事实的原理需要用如此高级的名称？海森伯原理的不确定性是一种奇怪的不确定性。它是经典理论和量子理论之间的区别，是人的局限性和……嗯，上帝之间的区别。

给孩子做一个小测验：对还是错——在麦当劳，一个"$\frac{1}{4}$磅"的汉堡包的重量是否正好是$\frac{1}{4}$磅？孩子中的愤世嫉俗者可能会回答"错误"，用推理的方式来解释：一家每天销售4000万个汉堡包的公司，可以从每个汉堡中节省$\frac{1}{100}$磅来节省大量的肉类。但他们没有考虑系统误差：他们认为每一个$\frac{1}{4}$磅的汉堡都是准确的，不可能变成0.24磅。问题是，每一个麦当劳汉堡的重量都略有不同。

区别不只是番茄酱有多少的问题。精细测量，你会发现每个汉堡都有不同的厚度，独特的形状，自身的个性特征——在微观尺度上。和人一样，没有两个汉堡是一样的。要用多少位小数才能测量出两个汉堡的重量差异呢？因为他们每年卖出超过10亿个汉堡，也就是10^9个，所以至少是9位小数才行。他们不太可能把名字改成0.250 000 000磅。

就像每个汉堡都是不同的一样，所有测量也是如此。你在执行测量时的动作，尺度的机械状态和物理状态，周围的气流，地球的局部地震活动，温度，湿度，气压，许多微小因素在每次重复测量时都有一些不同。如果区分得足够精细，那么重复测量的结果将永远不一致。

这并不是不确定性原理。

量子力学的不确定性原理进一步深入：它使某些特性形成互补配对，该配对具有一定的限制：你越能精确地测量一个特性，你在测量另一个特性时就越不精确。

根据量子理论，这些互补量的值在超出其限制精度时是不确定的，而不仅仅是限制在我们现有仪器的范围。

多年来，物理学家一直试图证明这是我们理论的局限，而不是自然界的局限。他们认为有一些确定的"隐藏变量"藏于某处,但我们不知道该如何测量。事实证明,我们可以通过测量来排除这些隐藏变量。1964年,美国物理学家约翰·贝尔(John Bell)解释了如何完成测量的步骤。[7]1982年,实验得以进行:实验表明隐藏变量的提议并不正确。这个限制实际上是由物理定律造成的。

不确定原理的数学原理是这样的:两个互补元素的不确定度的乘积必须等于一个数字,叫普朗克常量。

位置成为不确定原理的互补对之一。其配对,动量,除去质量因子之后就成为物体的速度。这张"结婚证"详细说明了对配对的限制:一方的误差范围增加时,相反的另一方的误差范围就减小。这是一个没有例外的限制,像大多数天主教徒的婚姻,既没有对婚姻不忠也不离婚。将位置的误差范围和动量的误差范围相乘,其结果值不小于普朗克先生的常量。

普朗克常量是一个很小很小的数。否则,我们就会更早注意到量子效应(如果我们能在这样一个世界里存在的话)。在这里,形容词"很小(tiny)"的意思是"在十亿分之一的数量级上"。普朗克常量大约是十亿分之一的十亿分之一的十亿分之一,即10^{-27},这里单位为尔格秒。当然,普朗克常量的值取决于所使用的单位。1尔格秒是一个单位,其量级是我们在日常生活中可能遇到的大小。想象一下,一个1克的乒乓球放在桌子上。对我们大多数人来说,静止放置意味着速度为零。而实验物理学家明白,没有误差区域的测量是无意义的。她的论文不会用"球静止不动",而更会使用像"球以不超过每秒1厘米的速度运动"这样的语言。在经典物理学中,这个问题可以得到很好解决。在量子力学中,即使是这种不太明显的精度也会造成差别:为能确定乒乓球的位置,必须要设定精度范围。

每秒1厘米的误差范围是很小且有限的精度,就像普朗克常量一样。数学计算告诉我们,我们可以把球的误差范围定在10^{-27}厘米内。

由于限制没有到达极限，一个熟悉的问题就出现了。但谁在意这个问题呢？直到19世纪末，没有人去做实验，或者更准确地说，没有人注意到这个问题。现在让我们把像乒乓球这样的东西换成电子。那个世纪末的物理学家们就是这么互换的。

还记得"除去质量因子之外"这句话吗？这在动量的定义中是如此傲慢。当时可能看起来不太明显，但它是量子效应在原子中而不是在乒乓球中十分显著的原因。

乒乓球的质量是1克。电子的质量是10^{-27}克。与乒乓球不同的是，电子速度有1厘米/秒的误差，就会转化为10^{-27}克·厘米/秒的动量误差区域，由于电子质量因数的原因，速度测量很草率，就意味着动量测量非常精确。这对你测量电子位置的能力来说并不是一个好兆头。

如果，对于乒乓球，你能确定一个电子的速度是正负1厘米/秒，该电子的位置就无法被精确确定为正负1厘米或更好。这种精度限制不是很小很小很小，而是十分明显。这将使乒乓球运动变得相当粗略，但这恰恰是原子尺度上会发生的情况。对于原子中的电子，由于原子的限制，我们仅仅能确定它们在10^{-8}厘米之内的某个地方，但被迫接受10^8厘米/秒的速度误差，这一不确定性几乎等于速度本身的值。

量子力学，如海森伯和薛定谔所表述的，非常成功地描述了原子物理学的现象，也很成功地描述了当时的核物理现象。但是当你将不确定性原理应用于引力时，正如爱因斯坦的理论所形容的那样，你就会得出一些关于空间几何的非常离奇的结论。

32.诸神之战

爱因斯坦在寻找统一场论的过程中几乎没有获得支持的一个原因是，广义相对论和量子力学之间的冲突，只有在考虑空间十分小的区域时才会显现出来，即便在今天，我们也没有希望直接观察它们。但欧几里得说，空间是由点构成的，几何学应该适用于任何我们所能想象到的小区域。如果理论在那里发生冲突，一定有什么问题，要么是其中一个理论出问题，要么是二者都出问题 —— 要么是欧几里得几何有问题。

该问题发生的世界常被描述为"超显微的"（ultramicroscopic）。这个数量级对我们来说，意味着 10^{-33} 厘米，称为普朗克长。为了能看得见该尺度，这意味着如果你将普朗克长度扩大到一个人类卵细胞的直径大小，一块典型的大理石就会膨胀到可观测宇宙的大小。普朗克长度真的很小。然而，与一个点相比，它的大小是不可估量的。

有一个晚上，在撰写这一章后，爱因斯坦和海森伯之间的冲突在作者的梦中表现出来。这一切都始于尼古拉，他成了爱因斯坦，走进来向我展示了他学前班活动手册上潦草地写下的一些理论……

尼古拉饰爱因斯坦："爸爸，我发现了广义相对论！当周围有物质时，空间是弯曲的，但在真空中，引力场为零，空间是平的。事实上，在任何一个足够小的区域，空间都是近似平坦的。"

（我正要说，"多漂亮的理论，我能把它挂在墙上吗？"此时阿列克谢走进来。）

阿列克谢饰海森伯："对对对对不起。引力场和任何场一样，都受到不确定性原理的影响。"

尼古拉饰爱因斯坦："所以呢？"

阿列克谢饰海森伯："所以在真空中，当能量场平均值为零时，它在空间和时间上都是波动的。在极小的区域，波动将十分巨大。"

尼古拉饰爱因斯坦（抱怨道）："但如果引力场是上下波动的，那么空间曲率也是如此，因为我的方程表明曲率与场的大小有关……"

阿列克谢饰海森伯（嘲笑道）："哈哈！这意味着空间在小区域不能被视为平坦……事实上，当你接近普朗克长度观察时，微小的虚拟黑洞就形成了。并不漂亮……"

> 尼古拉饰爱因斯坦："我说过我想要小区域的空间是平坦的！"
>
> 阿列克谢饰海森伯："但他们不是！"
>
> 尼古拉饰爱因斯坦："他们是！"
>
> 阿列克谢饰海森伯："不是。"
>
> 尼古拉饰爱因斯坦："是。"
>
> ……

在梦里争论一直持续，直到我心跳加速地醒来。（我把它当成是我不打算睡觉的信号，直到我写完了这一章。）将不确定性原理和广义相对论应用于空间中的小区域，将造成相对论理论本身的基本矛盾。谁是正确的，海森伯还是爱因斯坦？如果爱因斯坦是对的，那么量子理论就是错误的。但量子理论似乎并没有错。绝大多数实验和理论都是一致的。康奈尔大学的物理学家，量子电动力学的领导者之一木下东一郎（Toichiro Kinoshita），称其为"在地球上能被实验验证的最好理论，也许甚至在宇宙中也是如此，这取决于宇宙中有多少外星人。"[8]

如果量子理论是正确的，那么相对论一定是错的。它也取得了成功。但有一个区别。广义相对论的胜利主要在于对宏观现象的观察，比如经过太阳的光线或地球附近飞行的时钟。但广义相对论在小尺度的基本粒子上还没有经过测试。它们的质量实在是太小，无法测量引力的影响。出于这个原因，物理学家更喜欢质疑相对论的有效性，特别是爱因斯坦关于空间小区域近似平坦的假设。也许爱因斯坦的理论在超微的世界中必须加以修正。

如果普朗克在普朗克–爱因斯坦的辩论中真的胜利了，那么超微尺度的度规将剧烈波动，于是另一个更深层次的问题就出现了。超微尺度下的空间结构是什么？答案的关键似乎在费曼和其他人看来难以理解，这是施瓦兹继续研究的动力来源之一，但在他看来，这并不是一个缺陷，仅仅是他所钟爱的理论的一个特点。在超微的领域，似乎还有其他的维度，蜷缩在它们自己身上，如此微小，就像1899年的量子一样，至今还未被发现。它们是解决广义相对论的关键因素。几十年前，相对论的创造者也曾考虑过这种理论，但后来将其抛弃。

33. 卡鲁扎-克莱因瓶里的信息

在爱因斯坦去世的前一天，他要求公布自己最新的关于统一场论的计算。他尝试了30年，却失败了，他想修改广义相对论，以便在其中加入对电磁力的描述。他想到的最有前景的方法之一是在1919年某天打开邮件的时候。这个想法不是来自于他自己，而是来自一个名叫西奥多·卡鲁扎（Theodor Kaluza）的贫困数学家的一封信。

爱因斯坦读了这个关于如何将电场力与引力结合在一起的建议。这个理论有一个很奇怪之处。爱因斯坦回信说："通过一个五维圆筒世界来得到[统一理论]的想法从未在我身上出现过……"一个五维的圆筒？为什么这个想法会出现在人身上？没有人知道卡鲁扎是如何得到他的想法的，但爱因斯坦回信说："我非常喜欢你的想法。"回顾过去，卡鲁扎领先于他的时代，但在维度上有点吝啬。

正如我们所见，广义相对论用度规来描述物质对空间的影响，其分量——g因子——告诉你如何由坐标差异来测量相邻点之间的距离。g因子的数目取决于空间的维数。例如，在三维空间中有6个g因子。在平直空间中，距离$=（x$坐标之差$）^2+（y$坐标之差$）^2+（z$坐标之差$）^2$，因此g_{xx}，g_{yy}和g_{zz}各自等于1，以及对应的交叉项因子，g_{xy}，g_{xz}，和g_{yz}各自等于零，这些项是不存在的。在广义相对论的四维非欧几里得空间中，有10个独立的g因子（考虑到像$g_{xy}=g_{yx}$这样的等式），所有这些都由爱因斯坦方程所描述。卡鲁扎开始意识到，如果你使用五个维度，就会有其他g因子与多出的维度相对应。

然后卡鲁扎问了这个问题：如果把爱因斯坦场方程从形式上推广到五个维度，会得到哪些额外的g因子？答案是惊人的：你得到了电磁场的麦克斯韦方程组！从第五维度开始，电磁学突然出现在引力理

论中。爱因斯坦写道："你的理论的统一形式令人震惊。"[10]

当然，解释这个作为物理电磁场的额外维度的度规需要一些理论工作。那么额外维度有什么奇异之处呢？卡鲁扎声称，它的长度是有限的。事实上，它是如此之小，以至于如果我们在其中轻轻摇晃，我们自己都不会注意到。不仅如此，卡鲁扎认为，新维度有着新的拓扑结构，其结构是一个圆而不是一条线，即，它是自我闭合的，或者说是"蜷起来的"（因此它没有终点，不像一条有限的线）。想象第五大道没有宽度，仅仅是一条线。在卡鲁扎的新维度中，十字路口将成为第五大道上长出的的圆圈。当然，十字路口每隔一段街区就会出现，但街道上的所有地方都有额外的维度。所以把新维度添加到一条线上并不能把它变成一根能长出圆圈的线，它将变成一个圆柱体，就像一个圆亭一样，一个非常薄的圆亭。

卡鲁扎的观点是，引力和电磁力是同一事物的组成部分，只是看起来不同，因为我们观察到的是在微小的第四维度上不可测运动的平均。爱因斯坦对卡鲁扎的理论另有想法，但后来改变了主意，帮助卡鲁扎在1921年发表了这一理论。

1926年，密歇根大学的助理教授奥斯卡·克莱因（Oskar Klein）独立构建了同样的理论，并进行了一些改进。一是他意识到，如果粒子在神秘的第五维度有一定的动量值，那么该理论只会导出粒子运动的正确方程。这些"允许"的动量值都是某种最小动量的倍数。如果像卡鲁扎那样，假设第五维度是闭合的，那么就可以用量子理论从最小动量计算出蜷缩的第五维度的"长度"。如果它出现在一个可观测的宏观尺度上，该理论就会陷入麻烦，因为我们从未观察过这个新维度。推导结果是 10^{-30} 厘米。没有麻烦。它会被很好地隐藏起来。

卡鲁扎-克莱因理论暗示了一些东西，它是理论之间形式上的联系，而不是一个能立即产生新事物的结构。在接下来的几年里，物理学家们寻找新的预测结果，这些预测可能来自于这个理论，就像克莱因对新维度大小的推论一样。他们提出了新论证，似乎暗示他们可以用这个理论来预测电子的质量与电荷之比。但这种预测是很不准确的。挣扎于这一困难和第五维度的奇异预测之间，物理学家们失去了兴趣。爱因斯坦上一次考虑这一理论是在1938年。

卡鲁扎在爱因斯坦之前去世，从未有过进一步的成就。但他的新理论也让他获益颇丰。当他写信给爱因斯坦的时候，他已经33岁，并且作为一名在哥尼斯堡的编外讲师（类似于兼职教授），已经供养他的家庭10年了。他的薪水最适合用他所喜爱的数学来形容：每学期他得到5乘以x乘以y的德国马克（或者从技术上说是黄金马克），x是他班上的学生数目，y是他每周上课的小时数。对于一个每周上课5小时的10人班级来说，这个数字是每年500马克。1926年，爱因斯坦把这种生活条件称为困难户，他的说法是："只有狗才应该那样生活。"[11]在爱因斯坦的帮助下，卡鲁扎在1929年最终获得了基尔大学（University of Kiel）的教授职位。1935年，他搬到了哥廷根，成为一名全职教授。他一直待在那里，直到19年后去世。直到19世纪70年代，可能有新维度的理论才再次受到重视。

34. 弦的诞生

谁知道灵感会何时到来？更难以知道的是它将出现在哪里。弦论的故事开始于地中海750英尺高的山上。这个小镇叫埃里切（Erice），位于西西里岛，是一个天气炎热，节奏缓慢的小镇，拥有狭窄的街道和古老的石板路。当泰勒斯在地球上漫游时，埃里切还是埃里切原先的样子。如今，该小镇主要因埃托雷·马约拉纳中心（Centro Ettore Majorana）而闻名，这是一个文化和科学中心，在那里，每年都会举行一系列大约持续一个星期的"暑期学校"，持续了几十年。埃托雷·马约拉纳学校是研究生、年轻教师与该领域领头人聚集在一起的地方，在这里举办他们领域前沿话题的讲座。

1967年的夏天，一个这样的前沿话题讨论了一种关于基本粒子理

论的方法，称为S矩阵理论。来自以色列魏茨曼研究所的意大利研究生加布里尔·维尼齐亚诺（Gabriele Veneziano）[12]坐在观众席上，听着著名学者默里·盖尔曼的讲座。盖尔曼很快因为提出夸克的概念而获得了诺贝尔奖，夸克后来被认为是称为强子（包括质子和中子）的基本粒子族的内部组成部分。维尼齐亚诺当时获得的灵感将在几年内发展成为弦论。盖尔曼的演讲主题是：S矩阵数学结构的一些规则。

由海森伯发明的S矩阵方法由约翰·惠勒（John Wheeler）在1937年引入，并在20世纪60年代由伯克利物理学家杰弗里·丘（Geoffrey Chew）倡导。"S"代表"散射（scattering）"，因为这是物理学家研究基本粒子的主要方式：将它们加速到有巨大的能量，相互碰撞，然后观察飞出的残余物——就好比用设置车祸的办法来研究汽车。

在微小的碰撞中，你可能会撞开一些无聊的东西比如保险杠，但在赛车的速度下，如果实验者视线足够敏锐，便会看到那些紧紧拴在乘客座位上的螺母和螺栓向外飞出。不过，有一处很大的不同。在实验物理学中，把一辆雪弗兰汽车撞到福特汽车上，可能会炸出捷豹汽车的一部分。与汽车不同，基本粒子可以相互转化。

惠勒发展了S矩阵理论，实验数据也越来越多，但当时还没能成功描述粒子产生和湮没的量子理论，甚至没有量子电动力学。S矩阵是一个黑箱，输入碰撞粒子的种类、动量等信息，产生出同样类型的数据，但前提条件是没有产生新兴的粒子。

要构造S矩阵——也就是黑箱的内部结构——原则上你需要一个描述内部相互作用的理论。但是，即便没有理论，也要有一些关于S矩阵的性质，仅仅基于对称性和一些一般原理，比如要求与相对论的一致性。S矩阵方法的关键是看看你能在这些原则上走多远。

这种方法在20世纪50年代和60年代较为流行。在埃里切的讲座中，盖尔曼谈到了一些在强子碰撞中观察到的惊人规律——二象性。

维尼齐亚诺想知道这些规律是否会在更普遍的情况下发生。他花了一年半的时间，但他终于意识到一点：他所寻求的S矩阵的所有数学性质，都能由一个简单的数学函数 —— 欧拉贝塔函数所拥有。

维尼齐亚诺的理论被称为双共振模型，是一个惊人的发现。为什么复杂的S矩阵会以如此简单优美的形式出现呢？这是将来会定期出现在弦理论中的第一个数学奇迹，这是一个美丽的结果，它让施瓦兹相信，自己并不是在浪费生命去追求它。

维尼齐亚诺的结果是如此优雅，它激发了物理学家们提出一个明显是非S矩阵的问题：产生这个S矩阵的碰撞过程的细节是什么？黑箱里面是什么？如果他们想出来了，他们就能解释强子对撞时的内部结构，以及支配它们的力，即强作用力。

1970年，芝加哥大学的南部阳一郎（Yoichiro Nambu），尼尔斯·玻尔研究所的霍尔格·尼尔森（Holger Nielsen）和当时在叶史瓦大学（Yeshiva University）的李奥纳特·萨斯坎德（Leonard Susskind）回答了这个问题：不把基本粒子当成点，而是当成微小的振动弦。

人们是发现了一个理论还是发明了一个理论？物理学家们是像孩子一般打着手电筒在暮光下的公园里寻找真理的蛛丝马迹，还是在它们倒下之前试图建造更高的建筑？或者，事实上两个过程都有 —— 就像盖尔曼谈论的二象性，或者粒子和波之间的关系？

很少有词语比发明（invent）或发现（discovery）更好的了，就如同有意编造（concoct）和偶然发现（stumble upon）。最初的弦论 —— 被称为玻色子弦论（bosonic string theory）—— 无疑是一种编造。它是人造的，有许多不真实的特性，很明显地放在一起仅仅是为了再现维尼齐亚诺的洞察力。但南部等人也偶然发现了一些东西。他们发现弦论，就如同普朗克发现量子理论一样。他们都发现了一个

想法 —— 能级可以被量化，或者将粒子建模为弦 —— 其意义和范围尚未被理解，而这需要数年才能发展成一个有意义的理论。他们也许已经发现了新的自然原理，也许仅仅是一个数学技巧。只有经过数年的努力才能确定下来。在量子理论的例子中，从普朗克到海森伯再到薛定谔都经过了25年的时间。弦论的发展已然超过了这可作为标准的时间。

35. 粒子，示意粒子！

在弦论发展前十多年，20世纪60年代末和50年代后期，杰弗里·丘（Geoffrey Chew）作为最有前途的物理学家之一，在一次会议上站了起来，宣称场论没有什么好处。丘说，基本粒子是不存在的。我们应该把粒子看作是由彼此组成的东西。他建议物理学家们寻找一个"一种粒子构建一切"的理论 —— 秉持冷战精神，这一理论被称为"核民主"（nuclear democracy）。此外，丘不相信根据不同的力的性质发展不同理论的方法。他相信，如果物理学家仔细检查所有可能的S矩阵，他们会发现只有一个矩阵能与广义的物理和数学原理相一致。也就是说，他相信宇宙就是如此运作，因为这是唯一可能的方式。[13]

今天，我们知道丘强加的条件不足以确定其中的物理学。威腾称S矩阵理论为"一种方法，而不是理论"。[14]盖尔曼说它被夸大了，[15]这是他第一次在1956年纽约罗彻斯特的一次会议上发表演讲时给出的方法，只是取了一个浮夸的名字。尽管如此，盖尔曼说："S矩阵方法是正确的，它至今仍被用于弦论，丘坚持这些美学是有充分理由的。"即使是今天的标准模型，尽管取得了成功，也并不漂亮。

这些问题始于1932年，当时人们发现了两个新的奇特粒子。一个是正电子，电子的反粒子。另一个是原子核的一个新成员，它很像质子，但不带电 —— 中子。物理学家们不太愿意接受新粒子的可能性。其余解释都是有意编造。

狄拉克的理论预言了正电子，最初将其归为一种简化的质子（正电子与质子的电荷相同，但质量不到质子的 $\frac{1}{1000}$ ）。人们试图将中子解释为质子和电子紧紧抱在一起。但是，就像一个十几岁的孩子的父母一样，物理学家们很难坚持自己的立场。不久，物理学家们不仅承认了新粒子，还承认了反物质的概念和两种新的力 —— 强力和弱力，它们在原子核内十分重要。

到20世纪50年代，粒子加速器允许人们对几十个新粒子进行研究，中微子，μ介子，π介子，等等。J.罗伯特·奥本海默（J. Robert Oppenheimer）建议诺贝尔奖颁给没有发现新的"基本"粒子的物理学家[16]。恩里科·费米（Enrico Fermi）说："如果我能记住所有这些粒子的名字，我就会成为植物学家。"[17]

物理学家们用量子场论来研究这些变化，来描述粒子是如何出现和消失的。量子力学被设计用来描述粒子如何相互作用，而没有描述它们如何被创造、破坏或相互转化。在量子场论中，宇宙中任何事物的相互作用都只有一种：把已知粒子变为"媒介粒子"（messenger particles）。根据场论，几个世纪以来物理学中被称为"力"的东西，仅仅是对其他粒子间的粒子交换的更高层次的描述。

想想两名篮球运动员在球场上奔跑，来回传球。他们就是上述问题中的粒子。他们之间的相互作用，无论使他们靠近或推开，都是由球，也就是媒介粒子所提供。对于电磁学来说，媒介粒子就是光子。在量子电动力学中，像电子和质子这样的带电粒子会通过交换光子感受到电磁力。而中微子这样的无电荷粒子之间则不会有光子交换。

第一个成功的量子场论是在20世纪40年代由费曼、朱利安·施温格（Julian Schwinger）和朝永振一郎（Sin-itiro Tomanaga）发展的电磁场的量子场论。20世纪70年代，人们建立了一个新的理论，将电磁场理论与弱力理论统一起来。很快，与量子电动力学类比，人们

发明了强力的理论，其媒介粒子是胶子。总体上，这3种力的场论共同构成了标准模型。

如果你是植物学家，就会发现物理学家做了一件令人钦佩的工作。标准模型中的基本粒子的分类，虽然在预测能力上取胜，但并不优美。例如，相对于"媒介"的粒子，物质的基本粒子用族（family）来表示。每个族都有四个部分，类电子粒子，类中微子粒子，还有两个夸克。其中一个族包含普通的电子和中微子，以及构成我们熟悉的质子和中子的两个夸克。其他两个族的对应粒子只在质量上有差异，每个"奇异"族依次包含大量更重的粒子。标准模型反映了这种结构，但只是被纳入模型而没有相应解释。为什么有3个族？为什么每个族有4个成员？为什么它们的质量是这样的？标准模型对这些问题没有深入研究。

每个力的强度也没有解释，用一种称为耦合常数的数字进行编码。粒子对力的响应用荷量来表示，即电荷量的推广。通常，一个给定的粒子携带不止一种类型的荷——也就是说，它感受到不止一种类型的力。这些荷量也未经解释就被放入理论之中。

如果费米很难记住基本粒子的名字，那么标准模型只会使事情变得更糟。要记住它的方程，他必须记住19个未经推导的参数值。这些不是使毕达哥拉斯感到骄傲的良好的数字，而是讨厌的数字如卡比玻角（Cabibbo angle），和像 1.166391×10^{-5} 这样的值（在 GeV^{-2} 下的费米耦合常数）。[18]《创世记》说："要有光：于是就有了光。"根据现代物理学，上帝还仔细地调整了精细结构常数，精确到 $1/137.035997650$（加减十亿分之一）。

即便不谈及科学哲学，"基本理论"一词也似乎暗示着，数十名研究人员不应该耗费毕生精力测量19个"基本"参数，精确到小数点后7位。你想要拍拍那些理论家的肩膀，问："你听说过一个叫托勒密的家伙吗？""只要有足够的圆圈，一个聪明的科学家可以拟合任何数据。"

弦论家不认为该模型是基本的。他们希望有朝一日能够从他们的理论中推导出基本模型。就像S矩阵理论家，但不同于场论家，他们的目标不是确定输入的参数——甚至不是结构的参数，例如空间的维数。就像丘一样，他们的目标是找到一个完全由一般原理定义的理论。他们希望通过该理论能理解所有力的来源和强度，粒子的类型和性质，以及空间本身的结构。在他们的理论中，正如丘梦想的那样，一个粒子能适合所有的粒子。不同的是，在他们的理论中，粒子是一根弦。

这条弦不由任何东西组成，它们可以定义物质构成，这意味着它们不具备更精细的结构。然而一切事物都由弦组成。长度为10^{-33}厘米，它们比我们能直接观测的范围小了10^{16}倍。如果放在视力表上，它们可能是垂直的，水平的，沿着对角线的。但即使是用最精细的显微镜观察，今天的技术也依然不过关。"向下的？向上的？斜的？…… 对不起，博士，我看到的只是一堆点。"

这些弦因尺寸微小而隐藏起来，并不奇怪——毕竟，它们是理论上的，而不是被观测到的。但其隐藏程度只能用过度（overkill）来形容。多方面估计表明，直接探测到一根弦，在实验上所需的加速器大小将介于银河系大小和整个宇宙之间。也许一位在3000年时的历史学家挖掘出本书的残破复印本，可能会对这个估计感到好笑，因为那时我们可能已经学会像混合苦艾酒和伏特加（以恰到好处的比例）那样观测他们。与此同时，直接观察似乎是根本不可能的。

在量子力学中，波和粒子是同一现象的两方面。量子场论认为，物质粒子和能量粒子都是由不同量子场激发的。这在弦论中也成立，但弦论中只有一个场。所有的粒子都是由一种基本对象的振动所激发产生的：弦。

　　想象一根吉他弦，以适当的张力拉伸它。与静止的弦相对，弦上弹出音符被称为激励模式（excitation mode）。在声学中，它们被称为高次谐波（higher harmonics）。在弦论中，它们表现为不同的粒子。

　　毕达哥拉斯学派首次研究了乐音的数学和美学特性。他们发现，当你调一根弦时，它会因振动产生某种音调，或者频率，与弦的长度成反比。这个基本频率[19]来自于弦的中点的振动模式，该点也是最大振幅的位置。但弦也可以以这样的方式振动，中点不动，最大振幅发生在中点与两端之间的中点。这是你在按住弦的中点时的基本的振动模式。它是同一根弦上的两条等效波，即波长为原先的一半，频率是基频的两倍的振动。它被称为二次谐波（second harmonic），用音乐术语说，它比原先高了一个八度。

　　拨动一根弦也会产生振动，其形式是3条完全波，4条波，等等（但绝不会产生分数波，否则这将违背弦末端固定的条件）。这些都是高次谐波。例如，小提琴和钢琴上的音调的前6个泛音的振幅一般比其他乐器更强。另一方面，管风琴的较高和弦声音通常较差。正是高次谐波让乐器，以及基本粒子的族有了多样性。

　　弦论的弦不像吉他弦一样被束缚。它们可以是开放的，也可以是封闭的。它们可以在末端分开，重新连接或合并，形成一个环；或者合并然后分开，形成两个环。当一根弦分裂或连接时，其属性将改变——从远处看，它就像是一种新型的粒子。媒介粒子的交换实际上是时空中漂浮的弦的分裂和连接。

　　我们观察到的不同粒子仿佛是一个个音乐盒，粒子的性质就好比是我们听到它演奏出的音符。根据演奏的音乐分类，似乎有许多不同的音乐盒。根据弦论，这些音乐盒都是完全相同的，不同之处不在于构成，而在于它们内部弦的振动方式。

　　例如，振动的能量取决于波长和振幅。单位长度内波峰和波谷越多，振幅越大，振动的能量就越大。 我们从相对论中知道质量和能量是等价的，因此从黑箱外看，弦振动的能量越高，我们会认为该弦的质量越大，这一点并不奇怪。

这同样适用于除了质量以外的性质，例如各种类型的荷。为什么不呢？在场论中，粒子的质量就是一种荷 —— 与引力相对应。根据弦论，自然界中的所有粒子，包括媒介粒子，其所有不同的频谱特性，都仅仅是不同的弦振动模式。

宇宙中粒子具有巨大的多样性和复杂性。弦的振动模式是否足够丰富，可以容纳宇宙的多样性？在欧几里得的世界里无法做到。

但是弦的振动模式能预测哪个粒子存在，以及弦的性质，很大程度上取决于弦振动的维数和维度的拓扑结构。这是空间性质和物质本身性质之间深层联系的来源；根据弦论，空间结构决定了基本粒子的物理性质和大自然中力的种类。在弦论中，只有 3 个空间维度是行不通的。正是额外维度精确的几何和拓扑结构，决定了弦论所能预测的关于基本粒子和力的理论。

一维的弦只能以一种方式振动 —— 拉伸和压缩，这种振动称为纵向振动。在二维中，弦仍然可以以这种方式振动，但它有一种全新的振动形式 —— 横向振动，其运动方向垂直于其长度延伸方向。这些本质上就是我们刚才讨论过的振动。在三维空间中，横向振动的方向可以旋转或螺旋上升 —— 想象一个机灵鬼玩具（Slinky）即可 [①]。维度越高，振动形式的复杂性就越高。

拓扑结构也会影响振动。拓扑学是一个很难定义的学科，但粗略地讲，它涉及曲面和空间与形状相关的那一部分性质，而非与度规

① 机灵鬼玩具是一种螺旋弹簧玩具。如果把它放在楼梯上，它就会在重力的共同作用下且由于惯性沿着阶梯不断伸展再复原，呈现"拾级而下"的有趣状态。——译者注。

（距离关系）或曲率相关。从拓扑学角度说，线段不同于圆，是因为它有两个端点，而圆没有。然而，圆与椭圆之间的区别并没有引起拓扑学家的兴趣 —— 它只是曲率的问题。考虑这些区别的一种方法是：任何两种可以通过拉伸但不撕裂而相互转化的形状，都具有在拓扑学家看来相同的特性。

弦是如何受到空间拓扑结构的影响的？假设弦论只用了两个额外维度。由于弦论中的额外维度应该很小，想象一个"小"的二维空间 —— 一个正方形或一个矩形，某个有限的平面。该空间有同一种类型的拓扑结构。现在想象把它卷成一个圆柱体。尽管直觉上可能看上去是弯曲的，但在几何上，圆柱体被认为像二维平面空间一样平坦。这意味着它的曲率是零：在飞机上画的任何图形都可以被卷起成为圆柱体，而不会扭曲所测量的任何两点之间的距离。但是圆柱体在连通性或拓扑结构上与平面不同。例如，在平面上，任何一个圆或其他简单闭合曲线都可以缩小到一个点，但不离开平面。在圆柱体上，有一些曲线是无法形成的，例如，任何绕着圆柱轴的曲线。这种类型的弦在圆柱形空间上的振动受到的约束与在平面上振动不同，所以在弦论中，一个宇宙会产生不同类型的粒子和力。圆柱与另一个形状 —— 圆环，或称之为甜甜圈（donut），紧密相关。要从圆柱体中得到环面，连接圆柱体两端即可。但可能有更复杂的拓扑结构：例如，不形成有一个孔的圆环，而是形成有多个孔的圆环。每一种圆环都有不同的振动谱。我们添加的维度越多，可能的空间就越复杂，特别是如果我们允许空间不平坦，就更复杂。在所有这些不同的空间中，可能的振动模式又是不同的。各种类型的振动使弦论能够解释基本粒子和力的多样性 —— 至少理论上是这样。

在这一点上，我们本可以很肯定地说，由于各种一致性要求，只有一种类型的空间能满足弦论的额外维度，并且，基本粒子的性质和相应空间的弦振动正符合我们观察到的自然。让美梦继续吧。不过，也有一些好消息。首先，并不是任何额外维度都会起作用。看起来起作用的维度必须有6个（我们稍后会回到这个点），且必须具有某些特性，比如像卡鲁扎理论中的额外维度那样蜷起来。1985年，物理学家们发现了具有这些特性的空间类型。它们被称为卡拉比－丘空间（或卡拉比－丘流形；毕竟，它们是有限的空间）。[20]正如人们所猜测的那样，6维的卡拉比－丘空间比一个巧克力甜甜圈要复杂得多。但它们确实有共同之处——都有一个孔。实际上，它们可能有各种各样的孔，甚至孔都是复杂的多维物体，但这些都是技术细节[21]。关键是：每个孔对应于一个族里的弦振动。因此，弦论预测，基本粒子也会以族的方式出现。令人震惊的是，这些基本粒子是实验观测事实的"衍生品"的例子之一，必须"手动"纳入标准模型，没有理论解释。这是好消息。

坏消息是有成千上万种已知类型的卡拉比－丘空间。虽然只有3个族的基本粒子，但大多数都超过了3个孔。为了进行计算，需要推导出标准模型宣称存在的粒子的性质，例如，它们的质量和电荷，物理学家们还需要知道哪些可能的空间符合条件。到目前为止，还没有人能够找到卡拉比－丘空间，它可以精确地描述物理世界，也就是我们所知道的标准模型，或者是一个基本的物理原理，可以作为选择一个空间而不是另一个空间的标准。有些人怀疑这种方法是否会真的得出结果。但是，批评的声音比刚开始时要少得多，而且要安静得多，而在当时，有许多年他们做弦论的研究就意味着事业上的衰亡。

36.弦论的麻烦

当南部等人提出弦论时，它就有一些奇特性质。首先，他们的理论与相对论不一致，除非让一个不友好的因子 $[1-(D-2)/24]$ 等于零。任何高中生都可以告诉你这个问题的答案：$D=26$。

但这仅仅是问题的开始，D在该方程中表示空间的维数。卡鲁扎的工作很快让人重新燃起兴趣，只是现在，他的5个维度还不会太多或太怪异。其实这还远远不够怪异。

这个理论还有其他问题。如上所述，当按照量子力学的规则计算

某些过程发生的概率时，数学上得到了负数。该理论还预测了一些被称为超光速粒子的特殊粒子的存在，这些粒子的质量不是实数，而且比光传播得快。（爱因斯坦的理论并没有严格地禁止这一点；它只禁止粒子以光速运动。）而且还预测了其他一些粒子，从未被观测到。

如果当地的天气预报预测有50％的概率会有雷阵雨，随着雨落下，青蛙也从天上掉下来，你可能不会对他们的计算模型有太多信心。物理学家们也是如此持怀疑态度。但假设天气预报也预测了温度，并且结果是正确的。同样，玻色子弦和强子之间的行为匹配是如此有趣，不容忽视。

如果这一切看起来很笨拙，物理学家很快就会意识到该理论有另一个错误，而且对这个理论来说，这真的十分尴尬。在量子力学中，所有粒子都属于两种类型之一：玻色子和费米子。在技术层面上，玻色子和费米子的区别在于一种称为自旋的内部对称性。但实际上不同之处在于：没有两个费米子能占据相同的量子态。如果你正在构建，比如说，物质的原子，那将是一个很好的性质。这意味着原子中的电子并不都聚集于能量最低的状态。若是如此，所有元素中的电子就会倾向于保持在最低能量的状态。相反，元素周期表中的原子由不同外层电子状态一个接一个地填充，这导致不同的元素在物理和化学性质上的差异。玻色子没有这样的限制。因此，物质是由费米子构成的。媒介粒子与力的传递有关，它们是玻色子。但在玻色子弦论中，所有的粒子都是 —— 猜猜是什么？ —— 玻色子。

这就是施瓦茨首次攻击的弦论中的问题。这为他赢得了导师地位，并有机会留在一所顶尖大学，在那里即便人们不相信他，至少会听说他的理论。

1971年，佛罗里达大学的皮埃尔·雷蒙德（Pierre Ramond）通过发现一种叫做超对称的新对称性，将玻色子和费米子联系在一起，从而推导出费米子的弦论。接着，和安德烈·内沃（Andre Neveu）一起，施瓦茨开发了一种称为自旋弦论（spinning string theory）的理论，它包括了费米子和玻色子这两种类型的粒子，去除了超光速粒子，并把所需的维度从26维减少到10维。他们的工作被证明是弦论的一个重要转折点，也是施瓦茨的职业生涯的重要转折点。

盖尔曼当时在欧洲核子研究中心（CERN，the European Laboratory for Particle Physics）工作，[22]他说："施瓦茨的论文一发表，我就雇佣了他。"他们甚至没有见过面。次年秋季，施瓦茨从普林斯顿搬到加州理工学院，施瓦茨刚刚在普林斯顿被免去了终身教职。虽然费曼把弦论当成和其他神奇的解决方案一样，认为它们会在几年内消失，但是盖尔曼和施瓦茨一样对它充满信心。"它一定对某些事物有好处，"他说，"我不知道是什么，但肯定是某些东西。"1974年，盖尔曼又带来了另一个弦论学家 —— 约耳·谢尔克（Joel Scherk）。施瓦茨和谢尔克很快有了一项惊人的发现。

弦论讲的是一个粒子，具有胶子，即强作用力的媒介的性质。但令人为难的是它是一种额外的粒子 —— 似乎没有任何关系的媒介型粒子。在施瓦茨和谢尔克的工作之前，弦的长度被假定为大约10^{-13}厘米，约是强子的直径大小。但他们发现，如果你假设它小得多，比如10^{-33}厘米，也就是普朗克长度，额外的媒介粒子恰好符合引力子的性质，即假定的引力的媒介粒子。弦论不仅仅是强子的理论 —— 它包括了引力，也许还有弱电力！

但等等，难道我们还没在调和引力和量子力学导致的混乱和矛盾中吸取到一些教训吗？在施瓦茨和谢尔克的理论中，由于弦不是无穷小的点，而是具有有限长度的物体，因此在超微领域里的问题并不会出现。他们发现了他们认为是具有一致性的量子场理论，可以从中推导出爱因斯坦方程，但是，在超微尺度上，在避免广义相对论和量子力学之间的矛盾时，该理论呈现的方式是不同的。爱因斯坦在发表相对论时，曾预计会遭到攻击。施瓦茨和谢尔克预计他们的理论会让人们非常兴奋。

施瓦茨和谢尔克在世界各地巡回演讲。人们礼貌地鼓掌，然后无视他们的工作。如果一定要说感想，他们会说自己不相信。为了和这些"人"辩论，所需要的数学是（而且仍然是）极其困难和复杂的。"人们不想花精力来理解它，没有政客的认可，他们就不会做出努力。"[23]施瓦茨说道。

盖尔曼有资格成为这样的政客，但他自己在这方面做的研究很少。他与施瓦茨合写的几篇论文，施瓦茨笑着说，"都是我们最容易忘记的文章之一。"[24]加州理工学院没有把教授职位留给约翰·施瓦茨，只将他的研究职位进行一系列延期。"我无法给约翰找到一份正式的大学教职，"盖尔曼说，"人们对他持怀疑态度。"[25]1976年，谢尔克和其他人展示了如何将超对称性纳入弦论中，最终创造了超弦理论。这似乎是另一个开创性的结果，但似乎没有人关心。他们更感兴趣的是一个叫做"超引力（super gravity）"的与之相互竞争的理论，也更喜欢无引力的传统量子场论——标准模型。标准模型将电磁力与弱核力强核力结合在一起，取得了一个又一个胜利，包括1983年在实验中造出 W 和 Z 玻色子，这是弱力的媒介粒子。

弦理论遭遇了一场漫长的低产期。没有人知道如何用这个理论做任何实际的计算。额外的维度和其他问题仍然存在。与此同时，约耳·谢尔克精神崩溃了，他被发现在巴黎的街道上爬行。他向费曼等物理学家发送了古怪而疯狂的电报。他仍然设法工作，至少在部分时间，这让他的医生和同事们十分惊讶。然后妻子和他分手了，妻子带着孩子们搬到了英国。1979年，谢尔克自杀，这是弦论家们的一大损失。在20世纪80年代早期，人们发现了弦论的新问题。施瓦茨似乎被困在一个死胡同里，前方什么也没有，只有穷途末路。

有人说，他像他的博士生导师杰弗里·丘一样作了一些"浪费时间"的努力。丘与施瓦茨的目标相似，他花了25年时间研究 S 矩阵理论。前几年他还有人陪伴；在后来的15年里，他几乎独自工作，就像施瓦茨一样，他偶尔会受到嘲笑。最后，丘放弃了他的梦想。回想起来，丘的努力并不是毫无意义的 —— 施瓦茨说，"如果没有他，很难说会有后来的弦论。弦论是由 S 矩阵方法发展而来的。"[26]

在加州理工学院，盖尔曼自始至终是弦论的强大支持者。他说："在加州理工学院有他们（施瓦茨和谢尔克），这让我感到非常自豪。"[27] "这是非常感人的。我有一种直觉。所以在加州理工学院，我持续发扬了自己保护濒危物种的天性。我在第三世界国家做了很多保护工作。我在加州理工学院也会如此。"1984年，施瓦茨取得了另一个突破，这次的工作是与迈克尔·格林（当时在伦敦玛丽皇后学院）做的。他们发现，在弦论中，某些可能导致异常的多余术语会奇迹般地相互抵消。该结果是在那年夏天在阿斯彭（Aspen）的一场研讨会上提出的，杰罗姆酒店以滑稽短剧的形式表演出来。它以施瓦茨在舞台上大叫说他发现了一套能解释一切的理论，被穿白大褂的人带下台而结束。短剧的讽刺幽默反映了他的预期 —— 这一研究结果将被人们忽视。

但这一次，在施瓦茨和格林能够完成他们的成果之前，一个名叫爱德华·威腾的人打来电话。他从研讨会中的其他人那里听说了他们的谈话。施瓦茨很高兴有人对他的工作产生了新的兴趣。但威腾不仅仅是作为一位研究人员赢得了胜利。他是世界上最有影响力的物理学家和数学家。几个月后，威腾（当时在普林斯顿大学，现在和施瓦茨在加州理工学院）和他的同事们取得了一些新的重大成果，比如将识别到的卡拉比–丘空间作为蜷缩维度的候选者。这就是说服数百名物理学家开始研究弦论的全部原因。施瓦茨终于得到了他所需要的认可。

施瓦茨突然对其他顶尖大学产生了兴趣，渴望趁热打铁成为新科学家。盖尔曼最终决定为他争取终身教职。即便如此，这也不容易。一位行政人员评论道："我们不知道这个人是否发明了切片面包，但即使他有，人们也会说他是在加州理工学院做的，所以我们不需要把他留在这里。"[28]但在12年半之后，施瓦茨确实得到了终身职位。这比卡鲁扎快了好几年。

今天，施瓦茨和格林的论文被定义为"第一次超弦革命"。威腾说："如果没有约翰·施瓦茨，弦理论很可能已经灭绝了，也许会在21世纪某个时间被重新发现。"[29]但接力棒已经传过来了。10年后，威腾将会占据主导地位，并最终在弦论中策划自己的革命。

37.这个理论以前叫弦论

到20世纪90年代初，弦论已经冷却下来。几年前，《洛杉矶时报》（*Los Angeles Times*）甚至支持一名批评家的立场，[30]他质疑弦论家是否应该"由大学出钱雇，并被允许使易受影响的年轻学生走入邪路"。（如今，《洛杉矶时报》有希望能更贴近当地的专家，比如怎样在沃伦·比蒂和安妮特·贝宁之间采访。）有充分的理由让这种兴奋消退。弦论家安德鲁·施特罗明格（Andrew Strominger）哀叹道[31]："有一些大问题。"部分原因是缺乏从理论上得到的更惊人的新预测。但又有了新的尴尬——每一种都和过去的一样糟糕。似乎有5种不同的弦理论。不是5个不同的卡拉比-丘候选者——只有5个候选者适用——而是5个基本不同的理论结构。套用施特罗明格的说法，有5种不同的自然理论是不优美的。[32]这低产期后来持续了10年。这是施瓦茨穿越的又一片漫长的沙漠。但这一次，他有大量的陪伴者一起在寻找乐土，还有一位先知带领他。

每一时期的物理学都有其领头人。在弦论之前的几十年里，是盖尔曼和费曼。在过去的几十年里，领头人一直是爱德华·威腾（Edward Witten）。哥伦比亚大学（Columbia University）的布莱恩·格林（Brian Greene）说："我所做的每件事，如果我追溯其知识根源，我发现它们最后到了威腾的脚下。"[33]我第一次听说威腾是在七十年代末，当时我是布兰迪斯大学物理学专业的学生，在那里他比我早了几届。我接受了几位教授的评论："你很聪明，但你不是爱德华·威腾。"我想知道，上述教授会对他们的妻子说："你很好，但是我的前女友真的，*真的很好*"吗？当我仔细考虑之后，我认为我可以想象他们这样说过。但我还是想知道，这位天才是谁？

令我懊恼的是，他的专业是历史，是我们物理学专业的人认为的非科学的领域，除了更多的阅读作业之外，只有高中的知识深度。更糟糕的是，他还没有上过一门物理课。显然，对这个"爱因斯坦"来说，他把没有希望超越我的物理，只视为一种爱好。

我很高兴地发现，威腾曾参加过1972年的麦戈文运动（McGovern campaign），这意味着他在反尼克松的问题上精神十分可嘉。他在"很好地利用时间"这一领域受到的挑战毫无胜算。而且，如果他真是个天才，乔治·麦戈文怎么会没有赢呢？但麦戈文在马萨诸塞州获得了胜利——他唯一获胜的州。这可能是因为威腾的努力吗？几年前，我发现并不是。麦戈文在退休时被一名记者跟踪，急于知道他对"世界上最聪明的人"的看法，他回答说自己不记得威腾。然后他依然同意了这个评估，他说，"嗯，他很聪明，因为他在1972年支持麦戈文，我以那个标准来评判每个人。"[34]

在布兰代斯大学毕业之后，威腾在普林斯顿大学攻读物理系研究生。他没有上过物理课程，也没有资格进入大学，但事实证明，普林斯顿大学有着一个特殊的入学项目，是专为那些注定是世界上最聪明的孩子们弄的。当我终于见到威腾的时候，我是伯克利的一名研究生，在伯克利接受我之前，他们毫无疑问已经审核了我的成绩和其他资格，仿佛用细密的梳子一项项筛选过去，这些资历都是从上真正的物理课程中获得的。

威腾原来是一个身材高大、瘦长、黑头发的家伙，戴着黑色塑料镜框眼镜。他热情认真，但人很好，说话轻声细语，你不得不斜着耳朵听他说话。（事实证明这是值得的。）那天他在谈话中间停了下来，显然是在深思。但他沉默了如此长时间，以至于人们开始鼓掌，就像在贝多芬的音乐会上无知地以为是最后一个乐章的结尾。威腾有点生气地告诉我们，他的交响乐还没有结束。

今天，威腾经常被比作爱因斯坦。可能有很多原因，但最重要的

原因可能是那些做比较的人没有听说过其他的物理学家。这真是爱因斯坦传奇的诅咒——他已经变成了陈词滥调，人们以这个领域的爱因斯坦或那个领域的爱因斯坦闻名。如果成为物理学家中的凯迪拉克，你就会获得这些名号。爱因斯坦和威腾有一些表面上的相似之处。他们都是犹太人，在普林斯顿高等研究院待了几年，并且对以色列表现出强烈兴趣和被和平运动深深吸引。14岁时，威腾给编辑写信反对越南战争，[35] 被当地报纸《巴尔的摩太阳报》发表，他还参与了以色列的和平组织。[36]

但如果必须做个比较，威腾的工作更像高斯而不是爱因斯坦。他不依赖任何一位老朋友向他解释现代几何，像高斯一样，威腾已经自己重新发明了它。也像高斯一样，他的工作对现代数学的发展方向产生了重大影响，而爱因斯坦的研究从未有这样的影响力。接着有一个对立面——威腾的（和其他人的）弦论方法，还有现在的M理论，是由数学的洞见所驱动的，而不像爱因斯坦由物理原理驱动。也许不是因为选择，而是因为历史上的意外：该理论是在偶然中发现的。物理学的新原理及其核心，是一种对于威腾来说"最快乐的思想"，如果它存在的话，还有待发现。

1995年3月，爱德华·威腾在南加州大学的弦论会议上发表了讲话。施瓦茨的超弦革命已经过去了11年，对许多人来说，弦论似乎正在慢慢瓦解。威腾的演讲改变了一切。他解释的是另一个数学奇迹：他声称5种不同的弦论只不过是同一种更宏大理论的不同近似形式，现在称之为M理论。观众中的物理学家都被击倒了。罗格斯大学的内森·塞伯格（Nathan Seiberg）是下一个发言人，他被威腾的讲话所惊倒，他评论说："我应该成为一名卡车司机。"[37]

威腾的重大突破现在被称为第二次超弦革命。根据M理论，弦并不是真正的基本粒子，[38] 而只是更广义对象的特例，该对象称为膜（branes），是membranes的简称。膜是弦的高维版本，弦是个一维的物体。例如，一个肥皂泡就是一个双膜。根据M理论，物理定律依赖于这些更复杂的实体的更复杂的振动。并且，在M理论中，有一个额外的蜷曲维度——这让维度总共有11个，而不是10个维度。但它最奇怪的一面是：在M理论中，空间和时间，在某些基本意义上，并不存在。

M理论看来有一种性质，即我们认为的位置和时间，即弦或膜的坐标，是被称为矩阵的一列列数组。只有在近似意义上，当弦相距很远时（但仍接近于日常生活的尺度），该矩阵才能近似于坐标，因为此时矩阵的所有对角元素都相等，非对角元素趋近于零。这是自欧几里得以来空间概念最深刻的变化。

威腾曾说M理论代表了"神秘，魔法或矩阵，我最喜欢的三个词。"[39]最近，他又加上了"黑暗（murky）"这个词，[40]想必这不是一个他最喜欢的词。M理论比弦理论更难理解。没有人知道它会推导出什么样的方程，更不用说如何估计近似解了。事实上，我们对此一无所知，除了它似乎存在——这是一种更宏大的理论——5种弦理论只不过是它各种不同的近似形式。然而M理论的思想已经有一些最引人注目的暗示，那就是弦理论有一些东西：与黑洞物理有关的预测。[41]

黑洞是广义相对论预言的现象之一。其特征是它们是黑色的（对于物理学家而言，这意味着没有光或辐射可以逃脱它们）。1974年，斯蒂芬·霍金说，"啊啊啊……错误的答案！"如果考虑量子力学定律，人们被迫得出结论，黑洞并不是纯黑的。这是因为，由于不确定性原理，真空并不是真正空的；它充满了成对的粒子和反粒子，它们存在于最微小的瞬间，然后将彼此湮灭。根据霍金非常复杂的计算，当这种情况发生在黑洞外的空间时，黑洞可以吸收一对粒子中的一个，将另一粒子射向太空，并以辐射形式被观测到。因此，黑洞是会发光的。这也意味着黑洞的温度非零，就像从煤炭中发出的光亮表明它有一定量的热量。不幸的是，一个典型黑洞的温度不到百万分之一度，远不及天文学家能观测到的温度。但对于物理学家来说，认识到黑洞有温度将会推出一个非常惊人的结论。如果黑洞有温度，就可以有一

个叫做熵的东西，事实上，黑洞的熵值是一个很大的数字，在本书的正文中要占据一行以上的位置。

熵是系统中无序程度的量度。如果已知一个系统的内部结构，你可以通过计算内部可能存在的状态数来得到熵值：状态越多，熵越高。例如，如果阿列克谢的卧室杂乱不堪，有许多可以到达的状态 —— 仓鼠可能在这里，一堆脏衣服在那里，其他地方有旧漫画书，或者所有的物品都可以重新排列，形成一个不同的"状态"。房间里的垃圾越多，可能的状态会越多（与流行的观念相反，高熵的情形与任何特定的整洁或混乱的排列无关，只是系统可能有的状态的总数量较高）。但是，如果他的房间是空的，它只有一个状态可以达到 —— 没有什么可以重新排列的 —— 它的熵将是零。在霍金之前，人们认为黑洞没有内部结构，就像一个空房间。但现在看来，他们就像是阿列克谢的真实房间。如果霍金问我，我可以很明确地这样说：我一直告诉阿列克谢，他的房间就像一个黑洞。

物理学家们对霍金的结果困惑了20年。将单独的相对论和量子理论结合起来是件棘手的事。这个熵所对应的黑洞的所有状态有哪些？没有人知道。1996年，安德鲁·施特罗明格和卡朗·瓦法（Cumrun Vafa）发表了一篇精彩的计算：利用M理论的思想，计算表明你可以从膜上创造出某种类型的（理论）黑洞；对于这些黑洞，这些状态是膜态（brane states），你可以数出来。他们以这种方式计算的熵与霍金使用完全不同的方法所预测的熵一致。

这惊人的证据表明M理论是正确的，但仍然只是另一个后见之明。那些恼人的实验主义者坚持要提醒我们，理论需要来自现实世界的证实。M理论的实验证据目前存在于两个领域。一是未来10年可能发现的超对称粒子。这可能会在位于日内瓦的欧洲核子研究中心的大型强子对撞机（Large Hadron Collider，LHC）中发现。[42]另一项检验则是寻找引力定律的偏离。[43]根据牛顿理论，在这个尺度上，同样适用于爱因斯坦理论，两个实验室大小的物体应该相互吸引，其力的大小与它们距离的平方的倒数成正比 —— 让它们之间的距离减半，其吸引力就会变成4倍。但是，根据额外维度的性质，当两物体非常接近的时候，它们的吸引力就会更快增加，这在M理论中是可能的。尽管物理学家们研究其他力的行为已经把尺度降低到接近10^{-17}厘米的范围，但他们到目前为止只在大于1厘米的距离中研究了引力的行为。[44]斯坦福大学和科罗拉多大学波尔得分校的研究人员目前正在进行实验，使用"桌面（desk-top）"技术来测试较小距离的引力。

施瓦茨并不担心。他说："我相信我们已经找到了一种独特的数学结构，它始终能将量子力学和广义相对论结合在一起。所以它几乎肯定是正确的。因此，即使我期待找到超对称粒子，如果超对称是不存在的，我也不会放弃这一理论。"[45]

大自然以隐藏的秩序进化。数学则揭示了这种秩序。M理论会是将来大学物理课程中优美的教科书理论，还是科学史上被称为"死胡同"的一条脚注？施瓦茨是否是下一个奥雷斯姆，而威腾成为新时代的笛卡儿，或者他们是否一起扮演了洛伦兹的角色，用不存在的以太建立了一个没有希望的机械理论，这些尚没有定论。作为一个年轻的科学家，施瓦茨只知道这个理论太美了，很难不会对世界有什么好处。今天，整整一代的研究人员都在观察大自然，观察他的琴弦。很难再以旧的方式看待这个世界了。

后 记

作为孩子，我们喜欢玩智力游戏；作为人类，我们生活在智力游戏中。这些碎片是如何组合在一起的？这是一个谜，不只对个人而言，对全人类而言都是如此。大自然真的有规律吗？我们如何认识它们？自然规律是局部规律的大杂烩，还是宇宙中存在着统一定律？对于人类大脑这个不起眼的灰色团块来说，它仍然经常磕磕绊绊于诸如爱与和平，或者烹饪一顿可口的意式调味饭这样"简单"的主题上，宇宙是如此巨大而复杂，如此晦涩难懂，超乎想象，令人难以理解。而在过去的100多年里，我们一直在试图把宇宙的各个部分拼凑在一起。

作为人类，我们自然地在周围的世界中寻求秩序和理性。我们所继承的古希腊几何学家们的工具，不仅带给我们精确的数学推理，还教会我们去寻找自然的美学。古希腊人从太阳和地球的球体形状以及行星轨道的圆形中找到了满足感，因为对他们来说，圆形和球体是最完美的形状。在黑暗时代之后，随着欧几里得的《几何原本》的复苏和实验方法的诞生，我们所发现的自然规律超出了我们能理解的范围。17世纪的实验表明，所有的物体，不管它们的成分、大小、重量，或者不论是伽利略，还是英国皇家学会会员实验者罗伯特·胡克（Robert Hooke）在扔它们，都以同样的速度下落。从那时起，观测就证实了，地球对牛顿的苹果的引力作用，同样也适用于月球，或者是围绕自身恒星的遥远行星的运动。这些规律似乎从一开始就存在，未曾改变。是什么力量强加于宇宙，让所有事物都遵循特定的规则？为什么这些规则经历数十亿年，延伸至数万亿英里，都是相同的，不随时间的推移而改变，也不会从一个地方移到另一个地方？不难理解为什么有些人总能在上帝那里找到答案。但科学的道路是由希腊几何学家铺成的，而数学是他们的工具。自希腊人以来，数学一直是科学的核心，而几何学是数学的核心。

透过欧几里得的窗户，我们发现了许多美妙的礼物，但他也无法想象这些礼物会带我们去往何方。了解恒星的形态，想象原子的结构，并逐渐理解这些谜团如何与宇宙设计相融合，对我们人类而言，这是一种特别的快乐，也许是最强烈的快乐。今天，我们对宇宙的了解涵盖了如此之长的距离，长到我们永远不会去那里旅行；也涵盖了如此之短的距离，短到我们永远看不到它们。我们思考的是无法用时钟测量的时间，无法用仪器探测的维度，以及没有人能感觉到的力。我们发现，在变化中，甚至在明显的混乱中，也有简单和秩序。大自然的美学不仅仅限于小羚羊的优雅和玫瑰的美妙，这种美延伸至最远的星系，进入现存最微小的物质缝隙之中。如果当前的理论被证明是有效的，我们正接近悟出宇宙的真谛，得以理解物质和能量的相互作用，理解空间和时间，理解无穷小和无穷大。

我们对物理定律的理解，是真理，还是仅仅是许多可能的描述系统之一？它是真实宇宙的反映，还是我们物种自身的观点？物理规律的存在是一个奇迹，我们可以认识这些规律也是一个奇迹，但如果我们的理论代表了绝对真理，无论从形式上还是内容上，那将是最伟大的奇迹。然而几何学及其发展历史也将我们推向了一个特殊的方向。平行公设无法在欧几里得系统中得到证明，所以弯曲空间的发展，尽管推迟了2000年，也是不可避免的。相对论和量子力学是完全独立，并且在哲学上相互矛盾的理论，但在弦论中，似乎存在着第三种完全不同的理论，使得这两种理论都可以从中推导出来。如果霍金把量子理论和相对论相结合，预言了黑洞熵，而施特罗明格采用弦论进行的毫不相关的计算与之完全一致，那么这种联系是否暗示了一些更深层次的真理呢？

对于更深层次的真理，我们的探索还在继续。对于欧几里得和

随后的天才们，笛卡儿，高斯，爱因斯坦 —— 也许，时间会告诉我们 —— 还有威腾；对于所有站在他们肩膀上的人来说，应该对他们表达感激。他们体验到了发现的乐趣。对其他人而言，他们使我们感受到同样多的喜悦，那是理解事物的喜悦。

注 释

第一章

2. 征税的几何学

1 叶芝写道: 叶芝在他的诗《黎明》(The Dawn) 中提及巴比伦人的中立性格, 是这样开始的:

> I would be ignorant as the dawn
> That has looked down
> On that old queen measuring a town with the pin of a brooch,
> Or on the withered men that saw
> From their pedantic Babylon
> The careless planets in their courses,
> The stars fade out where the moon comes,
> And took their tablets and did sums …

2 伊尚戈骨: Michael R. Williams, A History of Computing Technology (Englewood Cliffs, NJ: Prentice-Hall, 1985), pp. 39–40.

3 对数据执行操作的想法: For a good discussion of the origins of counting and arithmetic, see Williams, chap. 1.

4 使用 "2" 这个词: Ibid., p. 3. 5 in the sixth millennium B.C., when the people: R. G. W. Anderson, The British Museum (London: British Museum Press, 1997), p. 16.

5 只有尼罗河: Pierre Montet, Eternal Egypt, trans. Doreen Weightman（New York: New American Library, 1964）, pp. 1–8.

6 "埃及"这个名字在科普特语中是"黑色土壤"的意思: Alfred Hooper, Makers of Mathematics（New York: Random House, 1948）, p. 32.

7 大约在那个时期，他们还发展了写作: Georges Jean, Writing: The Story of Alphabets and Scripts, trans. Jenny Oates（New York: Harry N. Abrams, 1992）, p. 27.

8 税收或许是几何学发展中的第一个需要: 希罗多德（希腊历史学家）写过关于征税问题的一本书，促进了希腊几何学的发展。See W. K. C. Guthrie, A History of Greek Philosophy（Cambridge, UK: University Press, 1971）, pp. 34–35, and Herbert Turnbull, The Great Mathematicians（New York: New York University Press, 1961）, p. 1.

9 每年百分之百的利率: Rosalie David, Handbook to Life in Ancient Egypt（New York: Facts on File, 1998）, p. 96.

10 军队把敌人的阳具砍下只为计数: 这些令人惊异的史实可以从阿列克谢提供的书籍中找到: James Putnam and Jeremy Pemberton, Amazing Facts About Ancient Egypt（London and New York: Thames & Hudson, 1995）, p. 46.

11 又一个文明诞生了: 关于巴比伦和苏美尔的数学发展可参见讨论 Edna E. Kramer, The Nature and Growth of Modern Mathematics（Princeton, NJ: Princeton University Press, 1981）, pp. 2–12.

12 更成熟的数学体系归功于巴比伦人: 埃及数学和巴比伦数学的比较可以参见 Morris Kline, Mathematical Thought from Ancient

to Modern Times（New York: Oxford University Press, 1972）, pp. 11–22.
See also H. L. Resnikoff and R. O. Wells, Jr., Mathematics in
Civilization（New York: Dover Publications, 1973）, pp. 69–89.

13 巴比伦人的最新证据来自尼尼微······主要来自尼普尔和基思:
Resnikoff and Wells, p. 69.

14 巴比伦放贷者甚至计算复利: Kline, p. 11.

15 "长度为4······": 引自 The First Mathematicians（March
2000）, on http:// www.members.aol.com/ bbyarsl/ first.html; 类似
的修辞学问题有更复杂的版本, 参见 Kline, p. 9. 9 最早清晰使用加
号可参见: Kline, p. 259.

3. 在七位哲人之间

16 发现数学还有更多奇妙的东西: 泰利斯的生平和作品可参见
Sir Thomas Heath, A History of Greek Mathematics（New York: Dover
Publications, 1981）, pp. 118–49; Jonathan Barnes, The Presocratic
Philosophers（London: Rout-ledge & Kegan Paul, 1982）, pp 1–16;
George Johnston Allman, Greek Geometry from Thales to Euclid
（Dublin, 1889）, pp. 7–17; G. S. Kirk and J. E. Raven, The Presocratic
Philosophers（Cambridge, UK: University Press, 1957）, pp. 74–98;
Hooper, pp. 27–38; and Guthrie, pp. 39–71.

17 也是米利都比较有名的产业: Reay Tannahill, Sex in History
（Scarborough House, 1992）, pp. 98–99.

18 考古学家还发现了酒杯的一小块上刻着西蒙的名字: Richard
Hibler, Life and Learning in Ancient Athens（Lanham, MD:
University Press of America, 1988）, p. 21.

19 测量金字塔的高度: Hooper, p.37.

20 伊壁鸠鲁依然认为太阳: Erwin Schroedinger, Nature and the Greeks (Cambridge: Cambridge University Press, 1996), p.81.

21 泰利斯用埃及人的"地球测量": Hooper, p.33.

22 本质上是一样的东西……选择鱼作为基本元素: See Guthrie, pp.55–80, and Peter Gorman, Pythagoras, A Life (London: Routledge & Kegan Paul, 1979), p.32.

23 生活在港口城市: 想了解米利都的生活, 参见 Adelaide Dunham, The History of Miletus (London: University of London Press), 1915.

24 历史上的照片中: Gorman, p.40.

4. 神秘的社团

25 毕达哥拉斯听取泰利斯的建议: 毕达哥拉斯最深入的一本传记来自于 Gorman; see also Leslie Ralph, Pythagoras (London: Krikos, 1961).

26 想象数百万年前, 当某个人发出"呀"或"哼"的声音后: See Donald Johanson and Blake Edgar, From Lucy to Language (New York: Simon & Schuster, 1996), pp.106–7.

27 毕达哥拉斯的一个门徒这样写道: Jane Muir, Of Men and Numbers (New York: Dodd, Mead & Co., 1961), p.6.

28 攻击一条毒蛇……小偷闯入毕达哥拉斯的家: Gorman, p.108.

29 例如毕达哥拉斯，很多人相信他是：Ibid., p. 19.

30 他有在水上行走的能力：Ibid., p. 110.

31 他们都相信转世：Ibid., p. 111.

32 毕达哥拉斯曾拦住一名男子：Ibid.

33 不随地小便和不在别人面前做爱：Ibid., p. 123.

34 正方形的对角线：设对角线长度为 c，假设 c 可以表示为最简分数形式 m/n,（即，m 和 n 没有公约数，至少它们都不同时为偶数）。证明分为三个步骤。第一步，注意到 $c^2 = 2$ 意味着 $m^2 = 2n^2$。换句话说，m^2 是偶数。因为奇数的平方是奇数，所以 m 自身也是奇数。第二步，因为 m 和 n 不能同时为偶数，所以 n 一定是奇数。第三步，我们从另一角度看方程 $m^2 = 2n^2$。m 是偶数，可以把 m 写成 $2q$，q 是某整数。如果我们把 $m^2 = 2n^2$ 中的 m 替换成 $2q$，我们将得到 $4q^2 = 2n^2$，与 $2q^2 = n^2$ 相同。这意味着 n^2 和 n 都是偶数。刚才我们已经证明，如果 c 可写成 $c = m/n$ 的形式，那么 n 将既是奇数又是偶数。

这个矛盾说明原始假设 c 可以写成 $c = m/n$ 一定是错误的。这类从待证明式子的反面推出矛盾情形的证明，称为归谬法（reductio ad absurdum）。这是毕达哥拉斯的发明之一，至今在数学研究中依然十分有用。

35 他禁止追随者透露：Muir, pp. 12–13.

36 康托尔无法忍受这一点而崩溃：Kramer, p. 577.

37 罗马人憎恨他们的长发：Gorman, pp. 192–193.

5. 欧几里得宣言

38 斯宾诺莎效仿他 …… 康德为他辩护：斯宾诺莎是17世纪重要的哲学家，他的主要著作《伦理学》（the Ethics）风格与欧几里得《几何原本》类似，都从定义和公理出发来证明定理。《伦理学》可在中田纳西州立大学（Middle Tennessee State University）网站上找到：Baruch Spinoza, Ethics, trans. by R. H. M. Elwes（1883），MTSU Philosophy WebWorks Hypertext Edition（1997），http:// www. frank.mtsu.edu/ ~ rbrbombard/ RB/ spinoza/ ethica-front.html. See also Bertrand Russell, A History of Western Philosophy（New York: Simon & Schuster, 1945），p.572. 亚伯拉罕·林肯还是律师时曾读《几何原本》以提高逻辑水平 — see Hooper, p.44. 康德认为欧几里得几何学仿佛硬接线一般嵌在人类大脑中 — see Russell, p.714.

39 我们所知道的是：Heath, pp.354–355.

40 这成了阿波罗尼奥斯后来重大工作的基础：Kline, pp.89–99, 157–158.

41《几何原本》有着曲折的历史：Heath, pp.356–370; see also Hooper, pp.44–48. 1926年，希思（Heath）独自出版了一本书，加入了《几何原本》的历史, reprinted by Dover: Sir Thomas Heath, The Thirteen Books of Euclid's Elements（New York: Dover Publications, 1956）.

42 事实上，一个定理指出：Kline, p.1205.

43 贝叶斯定理："我们做交易"节目的困境通常被称为三门问题（the Monty Hall problem），以节目主持人的名字Monty Hall命名。为了理解解决方案，最佳方法是画一个树图，包含所有可能的选择。该方法可用来阐明贝叶斯定理：John Freund, Mathematical Statistics

（Englewood, Cliffs, NJ: Prentice-Hall, 1971）, pp.57−63.

44 保罗·库里发明了一个诡计: Martin Gardner, Entertaining Mathematical Puzzles（New York: Dover Publications, 1961）, p.43.

45 与经典牛顿理论的区别: 关于近日点问题的历史, see John Earman, Michael Janssen, and John D. Norton, eds., The Attraction of Gravitation: New Studies in the History of General Relativity （Boston: The Center for Einstein Studies, 1993）, pp.129−149. 另一本书有更为简洁的讨论, 参见 Abraham Pais, Subtle Is the Lord（Oxford: Oxford University Press, 1982）, pp.22, 253−255; the Leverrier quote is given on p.254; the "high point" on p.22. There is also a good discussion of the geometry of the situation in Resnikoff and Wells, pp.334−336.

46 他给出了23个定义: Euclid's Elements, with some commentary, can be found in Heath, pp.354−421. Three good, and more modern, discussions appear in Kline, Mathematical Thought, pp.56−88; Jeremy Gray, Ideas of Space（Oxford: Clarendon Press, 1989）, pp.26−41; and Marvin Greenberg, Euclidean and Non-Euclidean Geometries （San Francisco: W. H. Freeman & Co., 1974）, pp.1−113.

47 它们是非几何学的逻辑命题: Kline, p.59.

6. 美女，图书馆，文明的终结

48 马其顿人: H. G. Wells, The Outline of History（New York: Garden City Books, 1949）, pp.345−375. For a timeline, see Jerome Burne, ed., Chronicle of the World（London: Longman Chronicle, 1989）, pp.144−147.

49 他命令地位最高的马其顿公民：Russell, p. 220.

50 托勒密三世写信……借他们的书并保管：雅典人借给托勒密三世珍贵的欧里庇得斯、埃斯库罗斯和索福克勒斯手稿。尽管托勒密三世保留了这些手稿，但他还是大方地归还了自己复制的手稿。希腊人一定不会非常惊讶。他们要求他提供（并保留）一笔财产作为抵押品。See Will Durant, The Life of Greece（New York: Simon & Schuster, 1966）, p. 601.

51 埃拉托色尼：The geometry of his calculation is explained in Morris Kline, Mathematics and the Physical World（New York: Dover Publications, 1981）, pp. 6–7.

52 一根棍子在地上投不出影子：这个故事有不同的说法。有一个说法是，埃拉托色尼通过向下看一口井来发现没有阴影，并利用出游者的报告来确定到Syene的距离。 The version quoted here can be found in Carl Sagan, Cosmos（New York: Ballantine Books, 1981）, pp. 6–7.

53 但我们知道谁发现了杆杠原理：Kline, Mathematical Thought, p. 106.

54 阿基米德十分自豪于这个发现：Morris Kline, Mathematics in Western Culture（London: Oxford University Press, 1953）, p. 66.

55 天文学发展也达到了顶峰：Kline, Mathematical Thought, pp. 158–159.

56 托勒密还写了一本书，名为《地理学》（Geographia）：For a summary of Ptolemy's work, see John Noble Wilford, The Mapmakers（New York: Vintage Books, 1981）, pp. 25–33.

57 在一本罗马教科书中: Kline, Mathematics in Western Culture, p. 86.

58 提乌·曼利厄斯·赛维林·波爱修: Kline, Mathematical Thought, p. 201.

59《基督教地志》: Kline, Mathematics in Western Culture, p. 89.

60 希帕蒂娅，她是历史上第一位伟大的女学者: For Hypatia's story, see Maria Dzielska, Hypatia of Alexandria, trans. F. Lyra (Cambridge, MA: Harvard University Press, 1995). See also Kramer, pp. 61–65, and Russell, pp. 367–369.

61《罗马帝国的衰亡》: Edward Gibbon, The Decline and Fall of the Roman Empire (London: 1898), pp. 109–110.

62 公元412年10月15日: Dzielska, p. 84.

63 据达马西斯说: Ibid., p. 90.

64 关于接下来发生的事情有几个版本: Ibid., pp. 93 94.

65 最近的一项历史研究估计: Resnikoff and Wells, pp. 4–13.

66 到公元800年，……拉丁翻译的片段仍然存在: David Lindberg, ed., Science in the Middle Ages (Chicago: University of Chicago Press, 1978), p. 149.

第二章

7. 适时的革命

1 就像一本老式教科书说的那样: William Gondin, Advanced Algebra and Calculus Made Simple (New York: Doubleday & Co., 1959), p.11.

8. 纬度和经度的起源

2 已知最早的地图能够制作出来: 关于地图制作的历史, 有两本书 Wilford; and Norman Thrower, Maps and Civilization (Chicago: University of Chicago Press, 1996).

3 北极星并不一直以来都指向北极: Resnikoff and Wells, pp.86 – 89.

4 每一天只有3秒钟的误差: Dava Sobel, Longitude (New York: Penguin Books, 1995), p.59.

5 最后, 在1884年10月: Wilford, pp.220 – 221.

9. 衰退的罗马人遗产

6 查理曼大帝: Morris Bishop, The Middle Ages (Boston: Houghton Mifflin, 1987), pp.22 – 30.

7 卡洛林小草书体: Jean, pp.86 – 87.

8 巴塞洛缪写道: Jean Gimpel, The Medieval Machine (New York: Penguin Books, 1976), p.182.

9 中世纪的数学家面对着: Bishop, pp.194-195.

10 欧洲当时处于: Robert S. Gottfried, The Black Death (New York: The Free Press, 1983), pp.24-29.

11 佛罗伦萨历史学家乔万尼·维拉尼: Ibid., p.53.

12 学校没有提供任何避难所: 关于中世纪的大学及大学生活的描述, see Bishop, pp.240-44, and Mildred Prica Bjerken, Medieval Paris(Metuchen, NJ: Scarecrow Press, 1973), pp.59-73.

13 当时的科学: Bishop, pp.145-146.

14 腓特烈对科学过于热爱: Ibid., pp., 70-71.

15 对时间的概念: Gimpel, pp.147-170; Bishop, pp.133-134.

16 当时的制图学也很原始: Wilford, pp.41-48; Thrower, pp.40-45.

17 新兴大学的经院派学者: Russcll, pp.463 475. For Abelard, see also Jacques LeGoff, Intellectuals in the Middle Ages, trans. Teresa Lavender Fagan(Oxford: Blackwell, 1993), pp.35-41.

18 来自阿勒巴涅村: Jeannine Quillet, Autour de Nicole Oresme (Paris: Librairie Philosophique J. Vrin, 1990), pp.10-15.

10. 图形化的质朴魅力

19 用一种14世纪的英国秘方: Reay Tannahill, Food in History (New York: Stein & Day, 1973), p.281.

20 一门全新的数学学科诞生：关于分布（distribution）的概念，有一本从数学角度写的本科生水平的参考书 M. J. Lighthill, Introduction to Fourier Analysis and Generalised Functions (Cambridge, UK: University Press, 1958).

21 尼古拉·奥雷斯姆：关于图形化的作品, see Lindberg, pp. 237–241; Marshall Clagett, Studies in Medieval Physics and Mathematics (London: Variorum Reprints, 1979), pp. 286–295; Stephano Caroti, ed., Studies in Medieval Philosophy (Leo S. Olschki, 1989), pp. 230–234.

22 默顿法则: David C. Lindberg, The Beginnings of Western Science (Chicago: University of Chicago Press, 1992), pp. 290–301.

23 奥雷斯姆还用图形化推理方法发现了一个定律: Clagett, pp. 291–293.

24 他从伽利略身上获得的另一个灵感: Lindberg, The Beginnings, pp. 258–261.

25 他的转变来自于: Ibid., pp. 260–261.

26 奥雷斯姆用苏格拉底的口吻写道: Charles Gillespie, ed., The Dictionary of Scientific Biography (New York: Charles Scribner's Sons, 1970–1990).

11. 一个士兵的故事

27 1596年3月31日：笛卡儿的最佳现代版传记请见 Jack Vrooman, René Descartes (New York: G. P.Putnam's Sons, 1970). 还有一本包括他生平和数学研究的书, see Muir, pp. 47–76; Stuart Hollingdale,

Makers of Mathematics（New York: Penguin Books, 1989）, pp.124–136; Kramer, pp.134–166; and Bryan Morgan, Men and Discoveries in Mathematics（London: John Murray, 1972）, pp.91–104.

28　有些人说是10岁: Various references differ on this point. It seems to be evenly split.

29　此后笛卡儿曾形容比克曼为: Muir, p.50.

30　笛卡儿写道"我已经厌倦了……": George Molland, Mathematics and the Medieval Ancestry of Physics（Aldershot, Hampshire, U.K., and Brookfield, VT: 1995）, p.40.

31　正如笛卡儿所写的，"只有在极尽想象力的情况下……": Kline, Mathematical Thought, p.308.

32　学者们写道："笛卡儿在数学上因懒惰而寻求简便方法……": Molland, p.40.

33　仅仅使用坐标: 关于托勒密工作的描述, see Wilford, pp.25–34. 在1569年，笛卡儿出生前的几十年，格哈特·克雷默（Gerhard Kremer）出版了一种新的世界地图，更为人知晓的是他的拉丁名杰拉德杜斯·墨卡托（Gerardus Mercator）。墨卡托的这张地图解决了如何将地球球体投影到平面上的问题，对航海家特别有用。尽管墨卡托的地图在距离上作了拉伸和收缩，但曲线之间的夹角仍然与现实一致。也就是说，这些夹角在平面地图上和在弯曲地球上是相同的。这一点意义重大，因为舵手最经常走的就是与罗盘指向的北方保持一定角度的路线。从数学上讲，这张地图十分重要，因为它对坐标进行了操作和变换。墨卡托自己没有用到数学——他是凭经验绘制地图的。笛卡儿几何用数学方法进行分析，从而使人们对地图制作有更深入的了解。

笛卡儿知道墨卡托的地图，但我们不知道笛卡儿是否或多或少受到制图学发展的影响，因为他没有在任何出版物中引用这些内容。讨论墨卡托作品背后的数学，see Resnikoff and Wells, pp.155－168.

34 而且当时有更好的计数方法：笛卡儿并不简单地继承他工作所需的所有代数。他自己发明了很多。首先，他发明了一些现代符号，用字母表的最后几个字母来表示未知变量，用前几个字母来表示常数。在笛卡儿之前，代数语言相当粗糙。例如，笛卡儿所写的 $2x^2+x^3$ 原先写成了"2Q加C"，其中Q代表正方形（carré），C代表立方体。笛卡儿记号的优点在于它明确了你要进行平方和立方的未知量（ x ），以及 x 所取次幂（2和3）的性质。笛卡儿使用这种更优雅的符号对方程式进行加减，或者进行其他算术运算。他能够根据代数表达式所代表的曲线类型对它们进行分类。例如，等式 $3x+6y-4=0$ 和 $4x+7y+1=0$ 是更一般情况 $ax+by+c=0$ 的两个例子。这样，他把代数从研究一大堆单个方程转化成研究整类方程。see Vrooman, pp.117－118. 关于代数符号的历史，see Kline, Mathematical Thought, pp.259－263, and Resnikoff and Wells, pp.203－206.

35 平均高温的表格：As read from a table published in the New York Times, January 11, 1981, and reproduced in Tufte.

36 这意味着两点间距离的平方：现在我们可以更好地理解笛卡儿对圆的定义。如果圆以坐标原点为中心，圆周上一点的坐标是 x 和 y，那么要求 x 和 y 满足方程 $x^2 + y^2 = r^2$，就意味圆周上的所有点离中心的距离都为 r，这是我们在学校里就知道的简单直观的定义。

37 笛卡儿关于距离的公式：尽管我们已经讨论了平面，一个二维空间，但笛卡儿的坐标很容易扩展到三维或三维以上。例如，球体的方程是 $x^2 + y^2 + z^2 = r^2$：唯一的变化是增加了一个新的坐标 z。这样，物理理论实际上可以推广到任意空间维度的情形。举例来说，原始的量子力学在推广到无穷空间维度后就有特别简单的形式，这种性质已经被用来对难以求解的方程作近似。The mathematically inclined can find this in L. D. Mlodinow and N. Papanicolaou, "SO（2，1）Algebra and Large N Expansions in Quantum Mechanics," Annals of Physics, vol. 128, no. 2（September, 1980）, pp. 314–334.

38 "我的整个物理学理论不过是几何学"：Vrooman, p. 120.

39 "在我看来，他（伽利略）缺的东西还很多"：Ibid., p. 115.

40 但依然取消了出版计划：Ibid., pp. 84–85.

41 最初的手稿有一个不太时髦的标题：Ibid., p. 89.

42 笛卡儿受到了严厉抨击：Ibid., pp. 152–155；157–162.

43 他有过一段恋情：Ibid., pp. 136–149.

12. 白雪女王的冰封

44 女王克里斯蒂娜：一本讲述笛卡儿和克里斯蒂娜的书，see Vrooman, pp. 212–255.

45 但少了笛卡儿的头骨：一本关于笛卡儿死后身体各部分运送情况的书，see ibid., pp. 252–254.

第三章

13. 弯曲空间的革命

1 它是印刷术发明后生产的第一批书之一：Heath, pp. 364–365.

14. 托勒密的麻烦

2 历史上第一次尝试：托勒密和普罗克洛斯的论证，see Kline, Mathematical Thought, pp. 863–865.

3 巴格达学者塔比特·伊本·奎拉：中世纪的伊斯兰文明对数学的发展作出了巨大贡献，不仅保存了希腊的著作，而且发展了代数。One good account of this is J. L. Berggren, Episodes in the Mathematics of Medieval Islam (New York: Springer-Verlag, 1986); a brief account of Thābit ibn Qurrah's life can be found on pp. 2–4. His attempt at proving the parallel postulate is described in Gray, pp. 43–44. Attempts by later Islamic mathematicians are also described in Gray.

4 可以很容易地证明平行公设：For details, see Gray, pp. 57–58.

15. 拿破仑式的英雄

5 在1855年2月23日的哥廷根：对高斯生平的详细描述，see G. Waldo Dunnington, Carl Friedrich Gauss: Titan of Science (New York: Hafner Publishing Co., 1955).

6 在他一生的大部分时间里：Muir, p. 179.

7 "一项繁重的、令人难以满足的事业"：Ibid., p. 181.

8 "如果没有神，这个世界可能毫无意义"：Ibid., p. 182.

9 他的悲伤是喜悦的百倍之多：Ibid., p. 179.

10 称他"专横、粗野、不文雅"：Ibid., p. 161.

11 "一类学生准备得太少"：Hollingdale, p.317.

12 "三天来，那个天使……"：Ibid., p.65.

13 "在我的生命中，我确实……"：Muir, p.179.

16. 攻克第五公设

14 高斯对卡斯特纳不予理睬：Dunnington, p.24.

15 高斯写信给T.A.托里努斯：Ibid., p.181.

16 霍布斯和沃利斯：Russell, p.548; for details, see http:// www. turn bull.dcs.st-and.ac.uk/ history/ Mathematicians/ Wallis.html (from the St. Andrews College website, April 99).

17 哲学家……他的追随者：Kline, Mathematical Thought, p.871.

18 抛弃虚浮的严谨：Russell, Introduction to Mathematical Philosophy (New York: Dover Publications 1993), pp.144–145.

19 高斯的观点相反：Dunnington, p.215.

20 康德将欧几里得空间称为：See Greenberg, p.146. 康德对时间和空间的看法, see Russell, Introduction to Mathematical Philosophy, pp.712–18, and Max Jammer, Concepts of Space (New York: Dover Publications, 1993), pp.131–139.

21 Χωριάτικη Σαλάτα: 一种希腊特有的沙拉.

22 分析判断和综合判断的区别：from Critique of Pure Reason, Vol. IV.

23 理查德·费恩曼在被问及：关于这点，我和费曼在帕萨迪纳的加州理工大学有过多次讨论，时间在1980–1982年.

24 "创造了一个全新的、不同的世界"：Dunnington, p.183. For more details on the life and work of Bolyai, see Gillespie, Dictionary of Scientific Biography, pp.268–71. For Lobachevsky, see Muir, pp.184–201; E. T. Bell, Men of Mathematics (New York: Simon & Schuster, 1965), pp.294–306; and Heinz Junge, ed., Biographien bedeutender Mathematiker (Berlin: Volk und Wissen Volkseigener Verlag, 1975), pp.353–366.

25 这足以用一首歌来形容罗巴切夫斯基："Nicolai Ivanovitch Lobachevski" by Tom Lehrer. As of publication, the text was available at http:// www.keaveny.demon.co.uk/ lehrer/ lyrics/ maths. htm

26 约翰·鲍耶从未出版过其他的数学著作：奇怪的是，鲍耶死后发现的文件显示，他秘密地支持欧几里得几何：即使在他发现了非欧几里得空间之后，他仍然试图证明平行公设的欧几里得形式，这揭穿了他作品的真相。

27 他喜欢收集一些：Dunnington, p.228.

17. 迷失在双曲空间中

28 "数学家是天生的，不是培养出来的"："Quotations by Henri Poincare" in http:// www-groups.dcs.st-and.ac.uk/ history/ Mathemati cians/ Quotations/ Poincare.html (from the St. Andrews

College website, June, 1999 ）.

29 他给双曲空间定义了具体模型：庞加莱模型的数学讨论细节，see Greenberg, pp. 190－214.

30 "任一圆形的弧线……"：为了在数学上正确，我们应该注意在庞加莱模型中还有另一种叫做直线的曲线。它是一个直径（diameter），也就是说，是穿过可丽饼中心点，并在可丽饼边界上具有端点的任何线段。这与其他庞加莱线没有什么区别：直径垂直于可丽饼的边界，可以被认为是一个圆弧 —— 一个无限大的圆。

31 椭圆空间也不能存在：十八世纪初，耶稣会牧师、巴非亚大学教授盖罗·莫拉·萨基里研究了 Thäbit 的追随者 Näsir-Eddin 和 Wallis 的工作。受他们影响，他开始为欧几里得辩护。我们知道这一点是因为在他死的那一年，1733年，萨基里出版了一本名为《为欧几里得所有错误辩护》（Euclid Vindicated from All Faults, Euclides ab Omni Maevo Vindicatus）的书。和之前的人一样，萨基里错了。但他确实证明了一件事：推导出椭圆空间的平行公设形式与欧几里得其他公理相矛盾。

18. 那些名为人类的昆虫们

32 从1816年开始的十多年：关于高斯对测地学的研究历史，see Dunnington, pp. 118－138.

33 一种特别有天分的鸟……：Interview with Steven Mlodinow, October 9, 1999.

19. 两个外星人的传说

34 乔治·黎曼：关于黎曼作品和遗产的精彩描述，以及一些传记

内容，请见 Michael Monastyrsky, Riemann, Topology, and Physics, trans. Roger Cooke, James King, and Victoria King（Boston: Birkhauser, 1999）．黎曼生平的概述请见 Bell, pp. 484−509．

35 阿德里安·玛丽·勒让德的书：2 vols., 1830（Paris: A. Blanchard, 1955）．关于黎曼快速阅读此书的故事，see Bell, p. 487．

36 高斯写道，黎曼的文章：Bell, p. 495．

37 "词的完整发展……"：Quoted in Kline, Mathematical Thought, p. 1006. 20. After 2,000 Years, A Face-lift

20. 2000 年后的整容手术

38 要改写伟大的哥廷根数学家：David Hilbert, Grundlagen der Geometrie（Berlin: B. G. Teubner, 1930）．This quote is discussed in Kline, Mathematical Thought, pp. 1010−15, and Greenberg, pp. 58−59. Greenberg also has a good discussion of undefined terms on pp. 9−12.

39 1871 年，普鲁士数学家费利克斯·：Gray, p. 155．

40 1894 年，意大利逻辑学家朱塞佩·皮诺：Kline, Mathematical Thought, p. 1010．

41 1899 年，希尔伯特：For a more in-depth presentation of Hilbert's axioms, see Greenberg, pp. 58−84．

42 希尔伯特的体系中：Kline, Mathematical Thought, pp. 1010−1015．

43 库尔特·哥德尔令人震惊的定理：For an excellent explication, see Ernest Nagel and James R. Newman, Gödel's Proof（New York:

New York University Press, 1958）, and the more wide-ranging classic it inspired, Douglas Hofstadter, Gödel, Escher, Bach: An Eternal Golden Braid（New York: Vintage Books, 1979）.

第四章

21. 以光速进行的革命

1 "几何学的有效性问题……": Monastyrsky, p.34.

2 克利福德大胆地宣布: Ibid., p.36.

3 有人说他是因为过度劳累: For example, J. J. O'Connor and E. F. Robertson, William Kingdon Clifford, http:// www-groups.dcs. st-and.ac.uk/ history/ Mathematicians/ Clifford.html（From the St. Andrews College website, June 1999）.

22. 相对论的其他发展者

4 阿尔伯特的家人，迈克尔孙家族: 关于迈克尔孙的生平故事, see Dorothy Michelson Livingston, The Master of Light: A Biography of Albert A. Michelson（New York: Scribner, 1973）.

5 迈克尔孙最终见到了: See Harvey B. Lemon, "Albert Abraham Michelson: The Man and the Man of Science," American Physics Teacher（now American Journal of Physics）, vol. 4, no. 2（February 1936）.

6 格兰特在数学方面表现出色: Brooks D. Simpson, Ulysses S. Grant: Triumph Over Adversity 1822–1865（New York: Houghton Mifflin, 2000）, p.9.

7 "如果你把对科学的注意力……": New York Times, May 10, 1931, p.3, cited in Daniel Kevles, The Physicists（Cambridge, MA: Harvard University Press, 1995）, p.28.

8 "……有一种微妙的、不可估量的……": Adolphe Ganot, Eléments de Physique, ca. 1860, quoted in Loyd S. Swenson, Jr., The Ethereal Aether.（Austin, TX: University of Texas Press, 1972）, p.37.

9 以太的现代概念: G. L. De Haas-Lorentz, ed., H. A. Lorentz（Amsterdam: North-Holland Publishing Co., 1957）, pp.48－49.

10 这一术语是亚里士多德给出的: 关于亚里士多德对以太的讨论, see Henning Genz, Nothingness: The Science of Empty Space（Reading, MA: Perseus Books, 1999）, pp.72－80.

11 "人们都知道我们对以太的信念源于何处……": Pais, p.127.

12 E·S.费舍尔如是写道: 文章写道:"我们不知道这种媒介是什么，我们似乎注定要保持无知，因为我们无法感知媒介本身，而只能感知受其影响而变得可见的物体。与此同时，这对于我们来说并不重要……我们只需要知道现象的规律；这些定律实际上已经发展得和引力定律一样完美。"— E. S. Fischer, Elements of Natural Philosophy（Boston, 1827）, p.226. The English edition was translated from German into French by M. Biot, the famous thermodynamicist, and then from French into English.

13 菲涅尔发现光波: 他实际上是对法国物理学家艾蒂安－路易·马罗斯1808年发现偏振光作出反应。菲涅耳认为，偏振是可能的，因为光可以在垂直于其路径的两个方向中的任一个方向上振动。过滤掉其中的一个或另一个是导致偏振的原因。仅沿运动方向振动的波不能具有这种特性。

23. 填充空间的物质

14 作者的出生名是詹姆斯·克拉克: 麦克斯韦有两本相距100年的传记 Louis Campbell and William Garnet, The Life of James Clerk Maxwell（London, 1882; New York: Johnson Reprint Co., 1969）, and Martin Goldman, The Demon in the Aether（Edinburgh: Paul Harris Publishing, 1983）

15 这方程就是麦克斯韦方程: 从数学上，自由空间传播的麦克斯韦方程为: $\nabla \cdot \mathbf{E} = 4\pi\rho$; $\nabla \cdot \mathbf{B} = 0$; $\nabla \times \mathbf{B} - \partial\mathbf{E}/\partial t = 4\pi\mathbf{j}$; $\nabla \times \mathbf{E} + \partial\mathbf{B}/\partial t = 0$, 其中 $\mathbf{p}$ 和 $\mathbf{j}$ 是源，$\mathbf{E}$ 和 $\mathbf{B}$ 是场。

16 理解麦克斯韦的想法并不总是那么容易: Haas-Lorentz, ed, p.55

17 一种智力上的丛林: Ibid. p 55

18 "无论……多么有困难": James Clerk Maxwell, Ether, Encyclopaedia britannica, 9th edn., Vol VIII（1893）, p.572, quoted in Swenson, p.57

19 精密加工技术的进步: Swenson, p 60

20 菲佐的测量差异: Ibid., pp 60–62

21 威廉·汤姆孙爵士（开尔文勋爵）访问美国时: In a lecture delivered in Philadelphia atthe Academy of Music, September 24, 1884. A transcript of the talk appears as Sir William Thomson [Lord Kelvin], "The Wave Theory of Light, " in Charles W. Elliot, ed, TheHarvard Classics, Vol 30, Scientific Papers, p.268. It is quoted in Swenson, p.77

22 "我多次试图……". Swenson, p. 88

23 他对迈克耳孙的理论分析提出质疑: Ibid. p 73

24 但他们也失去了兴趣: 迈克尔孙后来会在整个职业生涯中多次重复他的实验, 其他人也是如此, 最引人注目的是他的继任者戴顿·克拉伦斯·米勒。迈克尔逊永远不会接受不存在的观点。直到1919年, 爱因斯坦希望得到迈克尔逊对他理论的支持。最接近支持的时刻是1927年迈克耳孙出版的书中写了模棱两可的一段, 发生在他去世的前几年。See Denis Brian, Einstein, A Life (New York: John Wiley Sons, 1996) pp. 104, 126 – 127, 211 – 213, and pais, pp. 111 – 115

25 "我非常感兴趣地读了……":G. F. FitzGerald, Science, vol. 13 (1889),p 390 quoted in Pais, p. 122

26 试图用……解释: Kenneth F Schaffner, Nineteenth-Century Aether Theories (Oxford: Pergamon Press, 1972), pp 99 – 117.

27 "没有绝对的时间". 庞加莱的这番话发表在一本名为La Science et l'Hypothese的书中, 爱因斯坦和他在伯尔尼的一些朋友仔细研究过。这本书重印为 Henri Poincare, Science and Hypothesis (New York: Dover Publications 1952)

24. 三级试用期技术专家

28 爱因斯坦并不是少年天才: 爱因斯坦有许多传记。我发现两个特别有用的是Brian和Ronald Clark写的Einstein The Life and Times London: Hodder & Stoughton, 1973; New York: Avon Books, 1984。此外, Pais的传记也是一部优秀的科学传记, 具有个人见解。

29 反复说: 字面上的意思是, "击打水壶!"; 这个表达大致意思是"话多到令人受不了"。

30 "一个人必须把知识塞进脑子……". Quoted in Hollingdale, p.373

31 一种新的理论方法来确定分子的大小: "Eine neue Bestimmung der Molekuldimensionen, "Annalen der physik, vol. 19（1906）, p.289

32 根据一项研究: Pais, pp 89–90.

25. 与欧几里得相对的方法

33《关于运动物体的电动力学》: Annalen der Physik, vol 17（1905）, p891. 其英文翻译版本是 A Somer-feld, The Principle of relativity （new YorkDover Publications, 1961）, p.37.

34 这里有一些论断: Hollingdale, p.370

35 在他1916年的著作《相对论》里: Albert Einstein, Relativity trans Robert Lawson（Ncw YorkCrown Publishers, 1961）

36 现在（因技术原因）定义: 在相对论中, 时间被认为是一个维度, 但是在平坦或接近平坦的时空中, 距离的相对论版本是用时间差减去空间差来定义的, 这意味着, 例如, 两个具有零时间差的事件之间的最短路径是具有最大（即, 最小负）间隔的路径）即空间中的一条线）。

37 是一个"令人尊敬的联邦墨水马桶": See Brian, p.69

38 当爱因斯坦走进房间时: See ibid. pp 69–70

39 在1908年的一次讲课中，闵可夫斯基说：Quoted in Pais, p152. 不幸的是，几个月后，闵可夫斯基突然死于阑尾炎。

40 "组成了一群谦虚的人"：Pais, p151

41 洛伦兹与爱因斯坦互相尊重：Pais, pp 166–167.

42 庞加莱从未理解相对论：Pais, pp 167–171

26. 爱因斯坦的苹果

43 "当时我正坐在一张椅子上……"：Pais, p.179

44 我一生中最幸福的想法：Ibid. p.178

45 "否则无法区分……"：等价原理的这种表述, see Charles Misner, Kip Thorne, and John Wheeler, Gravitation（San Francisco: W.H. Freeman&Co, 1973），p.189

46 每年仅仅多赚了一分钟：Ibid p 131

47 引力红移：该现象于1960年被R.V.Pound和G.A.Rebka观察到, Jr, Physical review Letters, vol 4（1960），p.337.

48 "如果我们知道我们在做什么……"：http://stripe.coloradoedu/-judy/einstein/science.html（June 1999）

49 "由于洛伦兹收缩"：Pais, p.213

27. 从灵感到汗水

50 "格罗斯曼……" Pais, p 212.

51 "一场可怕的混乱，物理学家不应该参与进去":Ibid. p 213

52 "在我的一生中，我从未如此努力地工作过……" Ibid, p.216

53 "作为一个年长的朋友……":Ibid,p.239

54 1915年11月25日：五天前，也就是11月20日，希尔伯特向哥廷根皇家科学院提交了同样的方程式推导。他的推导独立于爱因斯坦的推导，而且在某种程度上更胜一筹，但这只是他在理论上的最后一步，希尔伯特认为这是爱因斯坦的创造。爱因斯坦和希尔伯特相互仰慕，从不为优先权而争吵。正如希尔伯特所说："是爱因斯坦做了这份工作，而非数学家。" See Jagdish Mehra, Einstein, Hilbert, and the Theory of Gravitation（Boston: D. Reidel Publishing Co. 1974），p25

55 最终的广义相对论：Pais, p.239

56 在数学上表示为：实际上，除了在平面时空中使用直角坐标之外，这个定义只适用于无穷小区域，而且距离必须通过微积分相加。数学上我们可以写成 $ds^2 = g_{11}dx^2 + g_{12}dx_1dx_2 + \cdots + g_{34}dx_3dx_4 + g_{44}dx_4^2$。

57 （对于四维空间，度规有10个独立分量）：这10个分量是g_{11}，g_{12}，g_{13}，g_{14}，g_{22}，g_{23}，g_{24}，g_{33}，g_{34}和g_{44}，我们已经用关系$g_{ij}=g_{ji}$消除了部分冗余量。

58 对于太阳来说，这个值是500米: See Richard Feynman, Robert Leighton, and Matthew Sands, The Feynman Lectures on Physics, Vol II（Reading, MA: Addison-Wesley, 1964），chap.42,pp.6-7.

59 全球定位卫星: Marcia Bartusiak, "Catch a Gravity Wave," Astronomy, October. 2000

28. 蓝头发的胜利

60 一支后来观测成功的队伍: 一些科学家现在觉得爱丁顿可能隐瞒了他的一些结果。 See, for example, James Glanz, New Tactic in Physics: Hiding the Answer, New York Times, august 8, 2000, p F 1

61 "这次观测日食的探险……": Pais, p. 304

62 该结果在会议上公布: 有关爱丁顿探险对和人们对其反应的描述, see Clark, pp 99 - 102.

63 "爱因斯坦理论是一个谬论": Brian, pp 102 – 103

64 "最重要的例子是……". Ibid, p. 246

65 1931年, 一本名为……的小册子: See "The Reaction to Relativity Theory in Germany III: A Hundred Authors Against Einstein," in John Earman, Michel Janssen, and John Nortoneds, The Attraction of Gravitation(Boston: Center for Einstein Studies, 1993), pp 248–273

66 不幸的是, 他的[爱因斯坦]的朋友们: Brian,p. 284.

67 决定因素是: Brian, p. 233

68 "上帝撕碎的东西……": Brian, p. 433

69 "我通常被认为是一种……": Pais, p. 462.

70 "我不相信……": Ibid. p.426

71 "当一只盲甲虫……":http://stripe.coloradoedu/judy/einstein/ himself.html（April, 1999）

第五章

29. 诡异的革命

1 弦论最终会发展为: Ivars Peerson, Knot Physics, Science News, vol. 135 no.11, March 18, 1989, p.174

30. 我讨厌你的理论的 10 个方面

2 后来的纳粹党突击队员帕斯夸尔·约尔当: Engelbert L. Schucking, Jordan, Pauli, Politics, Brecht, and a Variable gravitational Constant, Physics Today（october 1999）, pp 26-31.

3 默里·盖尔曼如此描述: 对默里·盖尔曼的采访发生于2000年 5月23日。

4 他曾经写道:"从来没有……": Walter Moore, A Life of Erwin Schroedinger（Cambridge, UK: University Press, 1994）, p.195

5 普林斯顿大学的数学家赫尔曼·外尔: Moore, p 138

31. 事物必要的不确定性

6 "[量子力学]理论产量颇丰……": Einstein quote from a letter to Max Born, December 4, 1926, Einstein Archive 8-180; quoted in Alice Calaprice, ed, The Quotable Einstein（Princeton, NJ:

Princeton University Press, 1996）

7 1964年，美国物理学家约翰·贝尔：贝尔在一份存在时间很短的名为《物理学》（Physics）的期刊上发表了他的建议。物理学家通常引用的实验验证是 A. Aspect, P Grangier, and G. Roger, Physical Review Letters, vol 49（1982）. 之后的改进可以参见 Gregor Weihs et al., Physical Review Letters, vol 81（1998）

32. 诸神之战

8 能被实验验证的最好理论：Toichiro Kinoshita, The Fine Structure Constant, Reports on Progress in Physics, vol. 59（1996），p.1459

33. 卡鲁扎 – 克莱因瓶里的信息

9 爱因斯坦回信说，"这个想法……"：Pais, p.330

10 爱因斯坦写道"统一形式……"：Ibid

11 1926年，爱因斯坦把这种生活条件称为：Dictionary of Scientific Biography, pp.211-12.

34. 弦的诞生

12 加布里尔·维尼齐亚诺：对加布里尔·维尼齐亚诺发生于2000年4月10日

35. 粒子，示意粒子！

13 他相信宇宙就是如此运作：George Johnson, Strange Beauty(New York: Alfred A Knopf, 1999),pp.195-96.

14 威腾称S矩阵理论为：对爱德华·威腾的采访发生于2000年5月15日。

15 盖尔曼说它被夸大了：对盖尔曼的采访发生于2000年5月23日。

16 罗伯特·奥本海默建议：Quoted in Michio Kaku, Introduction to Superstrings and M-Theory（New York: Springer-Verlag, 1999）, p.8

17 恩里科·费米说：Quoted in Nigel Calder, The Key to the Universe（New York: Penguin Books, 1977）, p.69

18（费米耦合常数）：Constants taken from P J. Mohr and B N. Taylor, "CODATA Recommended Values of the Fundamental Constants: 1998, " Review of Modern Physics, vol.72（2000）

19 这个基本频率：关于弦的音乐特性的详细解释, see Kline, Mathematics and the Physical World, pp.308－312；更深入的介绍, Juan Roederer, Introduction to the Physics and Psychophysics of Music, 2nd edn.（New York: Springer-Verlag, 1979）, pp.98-119.

20 它们被称为卡拉比-丘空间：P Candelas et al. Nuclear Physics, B 258（1985）, p.46

21 但这些都是技术细节：从技术上来说，物理学家说"有孔"指的是一个叫欧拉示性数（Euler characteristic or number）的数学量有合适的值，在每个卡拉比-丘空间中都可以计算出来。欧拉示性数是一个拓扑学概念，在二维或三维中很容易可视化，但也可以应用于更高的维度。在三维空间中，固态物体比如立方体、球体或者汤碗的欧拉示性数为2；而具有孔或手柄的物体，如甜甜圈、咖啡杯或啤酒杯，其欧拉示性数为0。

36. 弦论的麻烦

22 盖尔曼当时工作在：该段引用了2000年5月23日对默里·盖尔曼的采访。

23 人们不想花精力来理解它：对约翰·施瓦茨的采访发生于2000年3月30日。

24 他与施瓦茨合写的几篇论文：Ibid.

25 "我无法给约翰找到正式的……"：引自2000年5月23日对默里·盖尔曼的采访。

26 施瓦茨说，"很难说……"：引自2000年7月13日对约翰·施瓦茨的采访。

27 "这让我感到非常自豪"：引自2000年5月23日对默里·盖尔曼的采访。

28 一位行政人员评论道：ibid.

29 威腾说："如果没有约翰·施瓦茨……"：引自2000年5月15日对爱德华·威腾的采访。

37. 这个理论以前叫弦论

30《洛杉矶时报》甚至：Quoted in K C. Cole, "How Faith in the Fringe Paid Off for One Scientist, L.A. Times, November 17, 1999, p.Al

31 弦论家安德鲁·施特罗明格哀叹道：Faye Flam, "The Quest

for a Theory of Everything Hits Some Snags, " Science, June 6, 1992, p.1518

32 套用施特罗明格的说法: Strominger quoted in Madhursee Mukerjee, "Explaining Everything, " Scientific American（January, 1996）

33 哥伦比亚大学的布莱恩·格林说: 引自2000年8月22日对布莱恩·格林的采访。

34 "嗯，他很聪明……": Alice Steinbach, Physicist Edward Witten, on the Trail of Universal Truth, Baltimore Sun, February 12, 1995, p.1K.

35 14岁时，威腾给编辑写信: Jack Klaff, Portrait: Is This the Cleverest Man in the World？ The Guardian（London）, March 19, 1997, p T6

36 他还参与了和平组织: Judy Siegel-Itzkovitch, The Martian, Jerusalem post, march 23.1990

37 罗格斯大学的内森·塞博格: Mukerjee, "Explaining Everything".

38 弦并不是真正的基本粒子: 因此，本章标题取自德克萨斯A&M大学的M理论先驱迈克尔·达夫（Michael Duff）的演讲题目。

39 威腾曾说M理论: Douglas M. Birch, "Universe's Blueprint Doesn't Come Easily, " Baltimore Sun, January 9, 1998, p 2A

40 最近，他又加上了: J. Madeline Nash, "Unfinished Symphony" Time, December 31, 1999, p.83

41 与黑洞物理有关：关于M理论中的黑洞，see Brian Greene, The Elegant Universe（New York: W. W. Norton Co 1999），chap. 13

42 这可能会在大型强子对撞机中发现："Discovering New Dimensions at LHC," CERN Courier（March 2000）. Available on the web at http://www.cerncourier.com

43 另一项检验则是寻找：P Weiss, "Hunting for Higher Dimensions," Science News, vol. 157, no. 8, February 19, 2000. Available on the web at http://www.sciencenews.org

44 他们到目前为止研究了引力的行为：斯坦福大学和博尔德科罗拉多大学的研究人员目前正在进行用"桌面"技术在更小的距离测试引力。

45 他说："我相信我们已经找到了……"：John Schwarz, Beyond Gauge Theories, unpublished preprint（hep-th/9807195），September 1, 1998, p 2. From a talk presented on Wien 98 in Santa Fe, New Mexico, June 1998

致 谢

感谢阿列克谢和尼古拉,感谢他们花费了许多时间,和父亲一起完成了这本书(尽管我知道,其实花费更多时间的是我);感谢希瑟在我忙碌时一直陪着他们;感谢苏珊·金斯伯格,她是镇上最好的图书中介,最重要的是她对我的信任;感谢我的编辑斯蒂芬·莫罗,感谢他帮助我实现了写这本书的愿望,感谢他最细微的建议,告诉我能克服各种困难(直到后来我才意识到这一点);感谢史蒂夫·阿瑟拉创作美妙而充满爱心的插图;感谢马克·希利、弗雷德·罗斯、马特·科斯特洛和玛丽莲·伯恩斯(人名不分先后)花时间对本书提供批评和建议;感谢布莱恩·格林、斯坦利·戴瑟、杰罗姆·高特莱特、比尔·霍利、索都尔·约翰逊、兰迪·罗格尔、斯蒂芬·施奈德、约翰·施瓦兹、埃哈德·塞勒、艾伦·瓦尔德曼和爱德华·威腾阅读了本书的部分手稿;感谢劳伦·托马斯帮我翻译了一些相当古老的作品;感谢斯坦利·德塞、杰罗姆·冈特雷、默里·盖尔曼、布莱恩·格林、约翰·施瓦茨、海伦·塔克、加布里埃尔·维内亚诺和爱德华·威腾接受采访;感谢米尼塔·塔文为采访提供会议室和写作场所。最后,有两个机构为此作出贡献:纽约公共图书馆,尽管缺乏资金,但拥有十分艰深晦涩的书籍;以及多佛出版社,重印了那些或晦涩难懂或即将绝版的书籍,包括许多关于物理、数学和科学史的老书。

图书在版编目（CIP）数据

欧几里得之窗 /（美）列纳德·蒙洛迪诺著；郑婧澜译. — 长沙：湖南科学技术出版社，2019.10（数学圈丛书）

书名原文：Euclid's Window

ISBN 978-7-5357-9817-6

Ⅰ.①欧…　Ⅱ.①列…②郑…　Ⅲ.①数学—普及读物　Ⅳ.① O1–49

中国版本图书馆 CIP 数据核字〔2018〕第 129015 号

湖南科学技术出版社独家获得本书简体中文版中国大陆出版发行权

著作权合同登记号：18-2016-103

OUJILIDE ZHI CHUANG
欧几里得之窗

著者
（美）列纳德·蒙洛迪诺

译者
郑婧澜

责任编辑
吴炜　王燕　孙桂均

出版发行
湖南科学技术出版社

社址
长沙市湘雅路 276 号
http://www.hnstp.com

湖南科学技术出版社

天猫旗舰店网址
http://hnkjcbs.tmall.com

印刷
湖南省汇昌印务有限公司

厂址
长沙市开福区东风路福乐巷45号

邮编
410003

版次
2019 年 10 月第 1 版

印次
2019 年 10 月第 1 次印刷

开本
710mm×1000mm　1/16

印张
15

字数
223000

书号
ISBN 978-7-5357-9817-6

定价
68.00 元

（版权所有·翻印必究）